外尾健一社会法研究シリーズ 1

東日本大震災と
原発事故

外尾 健一 著

信山社

まえがき

　2011(平23)年3月11日午後2時46分，宮城県沖で発生した史上最大級の地震とその直後に東北地方の太平洋岸を襲った大津波，それによる福島第1原子力発電所の事故は，計り知れない大きな衝撃を，日本はもとより近隣諸国，全世界に与えた。

　本書は，東日本大震災と津波，およびそれによる福島第1原発事故の法的諸問題を扱うが，地震・津波・原発事故と，いわば三重苦ともいうべき福島第1原発事故の問題に焦点を当てるため，第1章「東日本大震災・津波」において，全体としての地震・津波の影響による被害とその法的問題を扱い，原発事故の問題は，第2章以下で考察することにした。

　2012年6月

外尾健一

目　次

まえがき

第1章　東日本大震災・津波 …………………………… 3

第1節　地震と津波による被災への対処 ………………… 5
　1　実　　態　5
　2　政府の対応　9

第2節　復旧・復興の問題点と課題 ……………………… 13
　1　批判的意見　13
　2　問題点と課題　14

第3節　東日本大震災の法的諸問題 ……………………… 18
　Ⅰ　労災補償制度 …………………………………………… 18
　　1　事業場の休業と賃金・休業手当　18
　　2　計画停電による休業の場合　20
　　3　労災保険　21
　　4　失業給付　22
　　5　葬祭給付　22
　Ⅱ　会社の倒産や震災で出勤できない場合等の賃金 …… 23
　　1　未払賃金立替払制度　23
　　2　派遣労働者の未払賃金　24
　Ⅲ　被災企業の内定取消と解雇 …………………………… 25
　　1　内定取消　25
　　2　解　　雇　26
　Ⅳ　債務不履行・不法行為に基づく損害賠償 …………… 27
　　1　安全配慮義務違反を理由とする損害賠償　27
　　2　不法行為を理由とする損害賠償　28

v

目　次

第 2 章　福島第 1 原発事故 …………………………………… 31

1　震災・原発事故に対処するための特別措置法　33
(1) 災害対策基本法　33
(2) 原子力災害対策特別措置法　34
(3) 特定放射性廃棄物の最終処分に関する法律　34
(4) 放射性物質汚染特別措置法　34
(5) 福島復興再生特別措置法　34
2　国際原子力機関（IAEA）への報告書　35
(1) 一次報告書　36
(2) 追加報告書　36

第 3 章　原子力発電 ……………………………………………… 37

1　原子力発電のしくみ　39
(1) 原　　理　39
(2) 原 子 炉　39
(3) 軽 水 炉　40
(4) プルサーマル　40
(5) 高速増殖炉　41
(6) 核 融 合　42
(7) 廃　　炉　42
2　原子力爆弾と原子力発電の違い　43

第 4 章　原子力発電の歴史と現状 …………………………… 47

第 1 節　わが国の原発の歴史 ……………………………………… 49
第 2 節　原発規制の法制度 ………………………………………… 52
1　原発創設時の基本法　52
(1) 原子力発電の導入　52
(2) 原子力発電の開始　53

2　原発促進期の法制度　54
　　　(1)　電源3法（電源開発促進税法・電源開発対策特別会計法・電源開発周辺地域整備法）　54
　　　(2)　原子炉立地審査指針　55
　　　(3)　国内の原発の所在地　57
　　3　原子力発電の廃止と停止　58
　第3節　原子力船 ………………………………………… 59

第5章　国際社会における原子力発電 ……………………… 63

　第1節　原子力発電関係の国際機関 ……………………… 65
　　1　世界の原発保有国　65
　　2　原子力発電に関する国際機関　65
　　　(1)　国際放射線防護委員会（ICRP）　65
　　　(2)　国際原子力機関（IAEA）　66
　　　(3)　経済協力開発機構／電子力機関（OECD／NEA）　67
　　　(4)　原子放射線の影響に関する国連科学委員会（UNSCEAR）　67
　第2節　原子力発電に関する国際条約・協定 …………… 68
　　1　原子力発電の安全基準および原発事故に関する国際条約・協定　68
　　2　汚染水・汚染物質・廃棄物の処理　71
　　　(1)　汚染水の海洋投棄と国際法　71
　　　(2)　ロンドン条約（海洋投棄規制条約）　73

第6章　原発事故の労働関係上の諸問題 …………………… 75

　第1節　原発事故復旧作業と労働関係 …………………… 77
　　1　原発事故復旧作業の実態　77
　　2　原発の作業と労働関係　81

3　多数当事者の労働関係　82
第2節　原発事故と労働安全衛生法 …………………………… 84
　　　1　原子力発電所の作業員に対する労働安全衛生
　　　　上の規制　86
　　　2　事業者・協力会社・関係下請会社（孫請会社）
　　　　の安全衛生管理義務　86
　　　3　事業者の健康管理義務　88
　　　4　原発作業員の長期健康管理　89
　　　5　労災隠し（隠された事故）　91
　　　6　ストレステスト　93
第3節　原発事故と民事損害賠償 ……………………………… 96
　Ⅰ　原発事故と損害賠償制度 ………………………………… 96
　　　1　原発事故による損害賠償の基本的枠組み　96
　　　2　避難指示　98
　Ⅱ　「原子力損害賠償制度の在り方に関する検討会」
　　　と原子力損害賠償紛争審査会 ………………………………… 98
　　　1　「原子力損害賠償制度の在り方に関する検討会」
　　　　報告書　98
　　　2　原子力損害賠償紛争審査会　100
　　　3　損害賠償紛争審査会の指針の法的性格　104
　　　4　原子力事故被害緊急措置法（2011・8・5制定）　106
　　　5　原子力損害賠償支援機構法（2011・8・10制定）　107
　　　　(1)　原発事故による損害賠償の支援　107
　　　　(2)　原子力損害賠償支援機構法の概要　107
　　　　(3)　原子力損害賠償支援機構法のもつ意味　108

第 7 章　脱原発の方向性と課題 ……………………………… 111

第 1 節　反原発運動 ………………………………………… 113
1　わが国の反原発運動　113
2　原発訴訟　114
3　諸外国の動向　118

第 2 節　政府の脱原発の方向性 ……………………………… 121
1　政府の脱原発の方針　121
2　原子力政策の基本方針の変化　122

第 3 節　脱原発の問題点 …………………………………… 124
1　原発の輸出問題　124
2　原子力潜水艦・原子力空母の横須賀寄港問題　126

第 4 節　脱原発の課題 ……………………………………… 128
1　福島第 1 原発の安定化と廃炉　128
2　災害後の復元力　130
3　脱原発の意味　131
4　福島第 1 原発国有化論　132

あ と が き

東日本大震災と原発事故

第1章
東日本大震災・津波

第1節　地震と津波による被災への対処

1　実　　態

　2011(平23)年3月11日午後2時46分，宮城県沖で発生した史上最大級の地震とその直後に東北地方の太平洋岸を襲った大津波，それによる福島第1原子力発電所の事故は，計り知れない大きな衝撃を，日本はもとより近隣諸国，全世界に与えた。

　(1)　福島第1原発は，地震・津波により，1号機～6号機の全部が停止したが，3月12日午後3時36分頃，1号機付近で大きな爆発音と白煙が発生し，3号機も，3月14日午前11時1分頃，1号機で大きな音とともに白煙が発生し，水素爆発を起こした。さらに4号機も3月15日6時頃，原子炉建屋で水素が原因とみられる爆発が起こった。そのときの水素爆発の写真も見たが，1号機のもくもくとした大きな煙は，全体が夏の入道雲のように白かったが，3号機の場合は，頭の黒い入道雲が突っ立っているようで不気味であった。3号機はMOX燃料を使用していたというから，自然界には存在しない人工のストロンチュウムが爆発してばらまかれたのであろう。

　(2)　東電は，4月1日，以下のような「福島第1原子力発電所プラント状況のお知らせ」を発表している。

第1章 東日本大震災・津波

「福島第1原子力発電所は全号機（1〜6号機）停止しております。

1号機（停止中）

- 3月12日午後3時36分頃，直下型の大きな揺れが発生し，1号機付近で大きな音があり，白煙が発生しました。水素爆発を起こした可能性が考えられます。
- 3月23日午前2時30分頃，給水系から原子炉への海水注入を開始しました。
- 3月24日午前10時50分頃，原子炉建屋屋根部から白いもや状の湯気が出ていることを確認しました。
- これまで原子炉へは海水を注入しておりましたが，3月25日午後3時37分より，淡水の注入を開始しました。
- これまで消防ポンプにより淡水を注入しておりましたが，3月29日午前8時32分，仮設の電動ポンプにより注入するように切り替えを行いました。

2号機（停止中）

- 3月15日午前6時頃に圧力制御室付近で異音が発生，同室の圧力が低下。
- 3月21日午後6時20分頃，原子炉建屋屋根部から白いもや状の湯気が出ていることを確認しましたが，3月22日午前7時11分時点でほとんど見えない状態まで減少していることを確認しました。
- これまで原子炉へは海水を注入しておりましたが，3月26日午前10時10分より，淡水（ホウ酸入り）の注入を開始しました。
- これまで消防ポンプにより淡水を原子炉に注入しておりましたが，3月27日午後6時31分，仮設の電動ポンプにより注入するように切り替えを行いました。

3号機（停止中）

- 3月14日午前11時1分頃，1号機同様大きな音とともに白煙

が発生したことから，水素爆発をおこした可能性が考えられます。

- 3月16日午前8時30分頃，原子炉建屋部から白いもやの発生を確認
- 3月17日午前6時15分頃より，圧力制御室の圧力の指示値が上昇していることから，安全に万全を期すため，3月20日，原子炉格納容器内の圧力を降下させる措置（放射性物質を含む空気の一部外部への放出）を行う準備を進めていましたが，現在の状態は，直ちに放出を必要とする状況ではないため，今後，圧力の状態などを注視してまいります。
- 3月21日午後4時頃，原子炉建屋からやや灰色がかった煙が発生しましたが，3月22日時点で白みがかった煙に変化しており，終息に向かいました。
- 3月23日午後4時20分頃，原子炉建屋から黒色がかった煙が発生していることを確認しました。その後，午後11時30分頃並びに3月24日午前4時50分頃，当社社員が煙の発生が止んでいることを確認しました。
- これまで原子炉へは海水を注入しておりましたが，3月25日午後6時2分より淡水の注入を開始しました。
- これまで消防ポンプにより淡水を原子炉に注入しておりましたが，3月28日午後8時30分，仮設の電動ポンプにより注入するに切り替えを行いました。

4号機（定期検査で停止中）

- 3月15日午前6時頃，大きな音が発生し，原子炉建屋5階屋根付近に損傷を確認。
- 3月15，16日にそれぞれ原子炉建屋4階北西部付近において，出火を確認し消防署等へ連絡しましたが，いずれも自然に火が消えていることを当社社員が確認。

・現時点において，原子炉格納容器内での冷却材漏えいはないと考えております。

5号機（定期検査で停止中）

・安全上の問題がない原子炉水位を確保しております。
・3月19日午前5時，残留熱除去系ポンプ(C)を起動し，使用済み燃料プールの冷却を開始しました。
・3月20日午後2時30分，原子炉は冷温停止状態となりましたが，3月23日午後5時20分ごろ，仮設の残留熱除去海水系ポンプの電源を切り替えた際，自動停止しました。その後3月24日午後4時14分頃，交換したポンプを起動し，同日午後4時35分頃，原子炉の冷却を再開しました。
・現時点において，原子炉格納容器内での冷却材漏えいはないと考えております。

6号機（定期検査で停止中）

・安全上の問題がない原子炉水位を確保しております。
・非常用ディーゼル発電機(A)の修理が完了しました。
・3月19日午後10時14分頃，残留熱除去系ポンプ(B)を起動し，使用済み燃料プールの冷却を開始しました。
・3月20日午後7時27分，原子炉は冷温停止状態になりました。
・代替の残留熱除去海水系ポンプ2台について，3月25日午後3時38分および午後3時42分に仮設の電源から本設の電源に切り替えを行いました。
・現時点において，原子炉格納容器内での冷却材漏えいはないと考えております。」

2　政府の対応

(1)　3月11日の地震・津波後，政府は，直ちに総理大臣を本部長とする緊急災害対策本部を設置し，3月12日の1号機の水素爆発を受け，3月13日，電力需給緊急対策本部，3月15日，福島原子力発電所事故対策統合本部，3月17日，被害者生活支援特別対策本部を設置した。

同時に3月22日，各府省次官が支える被害者生活支援各府省連絡会議，4月11日，東日本大震災復興構想会議を設置している。

(2)　4月11日，原子力損害賠償紛争審査会を文科省に設置。また政府は，福島第1原子力発電所事故の損害賠償問題のための「経済被害対応本部」を設置し，審査会などと連携して損害賠償の枠組みを決めることとした。

(3)　5月初旬まで原子炉格納容器に水を満たし，燃料が入った内側の容器ごと冷やす「冠水」に向けた作業をしていた。5月12日，1号機の炉心溶融と圧力容器の損傷が見つかったため，冠水を断念。原子炉建屋にたまった大量の汚染水を再利用する「循環注水冷却」に切り替えた。東電幹部は，1号機では，格納容器からも汚染水がもれていたため，「どこが漏れているかを突き止め塞がなければならない。継続的に大量の水を循環させて冷却するシステムを構築しなければならない」。「1～3号機の収束作業は同時進行ができない。1機ごとにおくれると正月返上となる」。6号機のポンプも使用済み核燃料プールを冷却するための仮設の海水ポンプが故障（毎日新聞11·5·26）。モーター部分の絶縁不良が原因。修復。予備のポンプもある。9カ月はあくまで努力目標と述べている。

第1章　東日本大震災・津波

(4)　政府は，6月7日，学識経験者等の中から内閣総理大臣が指名する「東京電力福島原子力発電所における事故調査・検証委員会」を設置。第1回会合において，管総理（当時）は，委員会は，従来の原子力行政からの「独立性」，国民や国際社会に対する「公開性」，技術的な問題のみならず，制度的な問題まで含めた検討を行う「包括性」を基本とし，「この検証の活動の状況については世界に公表することとなる」と述べている。また委員長の畑村東大名誉教授は，「原因究明ができなくなるので，責任追及は目的としないが，国民や世界の人々がもっている疑問に答え，100年後の評価に耐えられるものにしたい。」と述べた。

(5)　政府は，福島原子力発電所の事故に対し，原子力安全・保安院，原子力委員会，原子力損害賠償紛争審査会，及び事業者である東京電力からなる事故対策統合本部を設置し，記者会見で，① 東電の報告を受け，連携をとりながら，② 未曾有の地震と津波による被害の拡大を押さえるため，一定の対応を進めてきた。③ 1号機と3号機は冷却の機能が一定の効果をあげている。2号機についても，冷却の作業は一定の効果をあげているが，必ずしも安定した状態ではない。④ 時々刻々と変わる状況に対して，その対応を適切に行うとともに，「国民の皆さんに，正確かつ迅速な情報を伝える必要」があるため，政府と東電が場所的・物理的にも一体化し，現地の情報を同時に受け止め，それに対する対応を一体的に判断し，指示を出していく体制をとることが重要であるので，統合本部を設置したと発表している。

　政府は，福島第1原子力発電所事故の損害賠償問題のための「経済被害対応本部」を設置。審査会などと連携して損害賠償の枠組みを決めることとしている。被害者救済は，原子力損害賠償法に基づいて検討する。賠償責任は電力会社が負う。出荷制限や出荷自粛に

伴う農漁業者の損害のほか，避難生活による精神的損害なども賠償の対象にする。被害総額が確定しない段階でも，月払いや仮払いといった形で早期に東電に支払を促す方向も確認している。

(6) もちろん，各省庁・地方自治体は，総動員体制で震災・原発事故による被災者の支援に対応している。例えば，

イ　総務省　① 消防，② 地方公共団体，③ 通信，放送，郵政，④ その他（選挙，行政相談，震災関係情報の提供，恩給の支給，計画停電への対応）

ロ　経済産業省　福島原子力被害者支援，ガソリン，生活支援

ハ　国土交通省　被災者の住宅の確保，インフラの復旧（道路，鉄道，空港，港湾，航路，高速バス，フェリー），被災地域の支援

ニ　農林水産省　農山漁村における被災者受入支援

ホ　文科省　原子力損害賠償紛争審査会（4·22）

ヘ　厚生労働省　失業保険・年金

ト　防衛省　人命救助・被災者の支援

チ　警察庁　人命救助・被災者の支援

リ　海上保安庁　人命救助・被災者の支援

(7) 東日本大震災復興構想会議

政府は，2011年(平23) 4月14日，「東日本大震災による被災地域の復興に向けた指針策定のため」の復興構想会議を設置した。理由として「東日本大震災は，その被害が東日本の極めて広域に及ぶだけでなく，大規模な地震と津波に加え原子力発電施設の事故が重なるという，未曾有の複合的な大震災であり，かつ，その影響が我が国社会経済や産業に広範囲におよんでいる」こと，「単に被災地だけの問題ではなく，今を生きる私たち全てが自らのこととして受け止めるべきである」こと。そのためには「国民の相互扶助及び連帯の下，国，地方公共団体，民間事業者・NPO等の適切な役割分

担と協同，地方公共団体相互の連携を基本として，地域住民の意向を尊重しつつ，叡智を結集し，日本経済の総力を挙げて，単なる復旧ではない未来志向の創造的な取組を進めていく必要がある」ことなどを挙げている。

同復興構想会議は，6月25日に提言を提出している。ここでは，提言の冒頭にある「復興構想7原則」だけを掲げておくことにする。

「原則1：失われたおびただしい「いのち」への追悼と鎮魂こそ，私たち生き残った者にとって復興の起点である。この視点から，鎮魂の森やモニュメントを含め，大震災の記録を永遠に残し，広く学術関係者により科学的に分析し，その教訓を次世代に伝承し，国内外に発信する。

原則2：被災地の広域性・多様性を踏まえつつ，地域・コミュニティ主体の復興を基本とする。国は，復興の全体方針と制度の設計によってそれを支える。

原則3：被災した東北の再生のため，潜在力を活かし，技術革新を伴う復旧・復興を目指す。この地に，来るべき時代をリードする経済社会の可能性を追求する。

原則4：地域社会の強い絆を守りつつ，災害に強い安全・安心のまち，自然エネルギー活用型地域の建設を進める。

原則5：被災地域の復興なくして日本経済の再生はない。日本経済の再生なくして被災地域の真の復興はない。この認識に立ち，大震災からの復興と日本再生の同時進行を目指す。

原則6：原発事故の早期収束を求めつつ，原発被災地への支援と復興にはより一層のきめ細やかな配慮をつくす。

原則7：いまを生きる私たち全てがこの大災害を自らのことと受け止め，国民全体の連帯と分かち合いによって復興を推進するものとする。」

第❷節　復旧・復興の問題点と課題

1　批判的意見

(1)　＜震災関連組織が乱立し，指揮命令系統が見えない＞，＜組織が乱立し，参与の数も多く機能していない＞，＜この混乱期に機能的に動いているとは言い難い＞，＜既存の省庁の縦割りで物事が全く進まず，官邸が仕切るしかない＞等の批判。現在6つある本部の中，「緊急災害対策本部」と「原子力災害対策本部」を存続させ，「被災者生活支援特別対策本部」と「原子力災害対策本部」など4つの本部はチームなどに名称変更。復興に関しては，全閣僚が参加する「災害本部」を新設してこの分野の中心組織とする等の意見があった。

(2)　縦割りの行政組織，官僚制度の中での政府の役割は重要である。原発の安全性を監督する原子力安全・保安院が経産省の一部局であることも問題といえば問題であるが，実際の検査監督業務は，保安院所管の独立行政法人「原子力安全基盤機構」が行っている。同機構は，2002年8月に起きた東電のトラブル隠しの際，保安院が検査結果の改ざんを見抜けなかった教訓から検査の強化を目的に2003年10月に設立されたものでる。しかし今回の福島第1原発の事故を契機として，3号機の交換用圧力容器の安全弁2台に対する法定検査を誤った手法で実施し，合格させていたことが関係者の話で分かった（毎日新聞11・6・15）。同機構は，保安院の委託により行う法定検査のほか，海外の原子力施設で起きたトラブルに関す

る情報の収集・分析等の業務を行っているが，電力会社や原子力関連メーカーからの出向者もおり，独立性を疑問視する声もある。

2 問題点と課題

(1) 今，われわれが直面しているのは，単なる自然災害に対する復旧の問題ではない。戦後の高度成長のひずみとして解決を迫られている数々の問題が大震災・原発事故を契機に一挙に提起されていることを考える必要がある。

震災による被災地とほぼ変わらない悲惨な状況は，太平洋戦争直後の諸都市で見られた風景である。原爆による最大の犠牲者を一挙に生んだ広島・長崎をはじめ，多くの主立った都市や軍事施設・工場のある都市は，米軍の無差別爆撃により，殆ど壊滅に瀕した。昭和30年代に入ってから，「もはや戦後ではない」といわれる高度成長期が始まったが，私が戦後復員して，高度成長を実感できるようになったのは，昭和40年代の末であるから，復旧には約30年はかかっている。戦後の復旧のプロセスの特徴は，戦災による被害を逆手にとり，スクラップ・アンド・ビルドにより港に近い場所に工場を移し，原材料の輸入と完成品の輸出のコストを大幅に節約するようにしたことである。拠点となる地方に新産都市を育成し，大学・国・企業の研究所を挙げて，ME技術革新に取り組んだ。新しい産業革命の波にのり，日本は，GDP世界第2位の経済大国になることができたのである。

しかし経済の高度成長は，国民の生活を豊かにしたが，別個の問題も生んだ。それは，一部の大都市への集中，石炭・石油への依存による公害，地球温暖化，「クリーンなエネルギー」としての原発への依存，過疎問題，過疎地対策の一つとしての原発の偏在，出稼ぎ，半農半工，ワーキングプア，失業と貧困，貧富の格差，少子高齢化，高齢者問題，医療・介護施設の偏在等々である。

今回の大震災についても、単なる復旧では問題を先送りするだけであろう。誰でも生まれ育った故郷は懐かしい。しかし原発事故を考えただけでも、元の状態の再現としての復旧はありえない。それは生まれ故郷に近い東北地方に仮設住宅を建てる復旧ではない。日本全体の復興の中での自然に恵まれた東北地方の再建でなければならない。東北出身者はもとより、誰でもが終の棲家として住みたくなるような新しい地域の再生でなければならない。気のあった人とのつきあい、近隣との助け合いの絆は、「住めば都」という個人の生き方、人生観の問題であり、人に強制されたり、束縛されるものではない。仮に震災がなくても解決しなければならない問題が、今回の震災と津波、それによる原発の事故を契機として、提起されていることを知るべきである。

　地元の被災者は復旧を望んでいるが、明治維新、太平洋戦争後の改革と並ぶ新しい国作りとしての復興が今のわれわれに課せられている課題であろう。このような意味で、前述した東日本大震災復興構想会議の「趣旨」には同感である。この趣旨を活かす復興の政策が具体的にとられることを希望したい。

(2) 地震・津波後の復旧・復興の経験

　東北の三陸地方は、天正以来350年間に23回、15年間に1回の割合で津波が来襲している。陸中重茂（ちじえ）村里部落に上る右側の海嘯（かいしょう）記念碑には、「明治二九年旧五月五日里屋敷五十戸全滅、死亡者二百五十名」とあり、それと並んでいるもう一基の津波記念碑には「昭和八年午前三時、強い地震は津波の知らせ、その後は警戒一時間、想え大惨禍の大地震」と記されている。陸中重茂は、弁天島に面し、湾面の低地の里と、台地上の館との二つの部落に分かれている。「里では明治二九年の災害後、一部は高地の館へ移って再興したのであるが、現地に復興した者もあり、折角移った一部も

現地へ戻って昭和八年に再び27戸流失と言う災害にあっている。」（山口弥一郎「津波後の村と家の復興——陸中重茂——」社会政策時報昭和18年4月号115頁以下）。この論文は，岩手県立黒沢尻中学の教諭であった山口氏が仙台斉藤報恩会からの研究費を受け，陸中重茂の明治29年の災害後の復興の状況と，それにもかかわらず昭和18年に再び同じような大災害に見舞われた同地の実態調査である。

　この論文は，文字通り，小さな地区の調査報告書であるが，私が(1)で述べた「復旧・復興」の要点を事実に基づいて示しているように思えたので，簡単に紹介しておくことにする。

　イ　重茂村の低地にある里部落は，明治29年の津波で，役場も駐在所も含め，全部流出し，多数の死者を出した。助役らの主唱により，高台にある館部落に移ることになり，公的機関及び12, 3戸の民家が先ず移った。残る20戸ほどは谷奥のやや高所に分散し，流失した元の敷地に家屋に復旧したものは，5, 6戸に過ぎなかった。

　ロ　しかし高台に移住した者も，しだいに海沿いの元の敷地に家屋を建てるようになり，明治末年に製炭業が盛んになると，福島，宮城，岩手の南部地方から来た山の炭焼き労働者達が海辺の里部落に住居を構えるようになった。彼らは「最初は釣等を道楽のように始め」たが，何時しか「漁夫になってここに定着した者も相当あった」と言う。「この人達は定着の主因が経済的であった為，津波の災害は熟知せずに里の浜近くに居住する者が多い」という。

　ハ　高地に移った人達も，古くから館に住んでいる人のように耕地を所有しているわけではなく，漁を主正業として浜に毎日通えば，浜に居住している者より不利である。アワビ，イカつり等には未明に出て，夕刻に帰るか，夕刻に出て夜半に帰る。海岸と館の間は坂も相当急であり，約30分を要するから，低地

に住む人々よりは、早く切り上げることになる。「その残った人々が時折よい漁をやる場合があり、その人々が実は最初炭焼き等で移入定住した素人漁夫であったりすると、古くよりこの浜で純漁夫として育った人々には、漁に負けることは耐えられぬらしい。それでどうかして下に戻ろうとする傾向が強い。」ついには明治29年の津波で高台に小さな仮屋を建てて住んだ人々も、元の海辺の敷地に本屋を建てて住むようになった。

二 「事実、館と里の復興を較べると、里の方が早かった」。津波の被害は、その正業さえ変えなければ、10年位にして完全に復興できるが、岡に上って正業を変え、また農を兼ねたりすると、暫くは復興できるものではないともいわれる。館と里では働く意気込みも違うということである。

第1章　東日本大震災・津波

第❸節　東日本大震災の法的諸問題

　東日本大震災・津波・福島第1原発事故は，さまざまな面で対応に迫られる法律問題を提起した。しかし三重苦ともいうべき原発事故は，公害問題と同じように地域住民を巻き込んだ災害であり特異な法律現象を示すので，ここでは，東日本大震災による全般的な法律問題を扱い，これと重なっているが主として原発事故に重点がおかれる法律問題については，第6章で扱うことにする。

　また本節は，「東日本大震災の法的諸問題」となっているが，とくに震災とむすびついて特例や特別措置がなされている法律問題を中心に取り上げることにした。

Ⅰ　労災補償制度

1　事業場の休業と賃金・休業手当

　今回の災害により，「事業場が流失・崩壊した」，「商品が入荷しない」，あるいは「出勤しても仕事がない」，「計画停電」のためなどの理由により「休業，ないし自宅待機」となった者が多い。このような場合，賃金ないし休業手当をもらえるのかというのが，労働者にとっての第1の問題である。

　(1)　労災補償制度は，使用者の故意過失を問題とせず，業務上の災害であればすべて一定の補償を行うことを使用者に義務づけている（労基法75条～80条）。すなわち労基法上補償の対象となる災

害は，業務上の負傷，疾病，廃疾または死亡に限られ，業務上の災害であるためには，業務と傷病による損害との間に一定の因果関係（相当因果関係）が存在すること，つまり傷病が，労働者が労働契約に基づき使用者の支配下にある状態で発生したものであること（業務遂行性），あるいは業務と傷病との間に経験則に照らして認められる客観的な因果関係が存在すること（業務起因性）が必要である。

(2) 地震・風水害・落雷等の自然災害は，偶発的なものであり，地域全般に被害をもたらすものであるから，原則として業務起因性が否定される。しかし今回のような未曾有の天災地変による災害にあっては，業務上の認定において，相当因果関係を否定することは妥当性を欠くことから，労働者が「仕事中」や「通勤中」に地震・津波・原発事故等により被災した場合には，労災認定がなされ，労災保険による給付が受けられることになっている。したがって被災した労働者は，業務災害または通勤災害に関する保険給付，遺族は，遺族補償年金または遺族補償一時金を受けることができる。

(3) 労災保険率は，事業の種類ごとに災害率等に応じて定められているが，事業の種類が同一であっても，作業工程，機械設備，作業環境の良否や事業主の災害防止努力の如何により事業ごとの災害率に差があるため，事業主負担の公平性と事業主の災害防止の努力を促進するため，災害の多寡に応じて労災保険率又は労災保険料を上下させるメリット制が採用されている。しかし今回の地震・津波・原発事故に伴う保険給付は，メリット制の狙いの一つである事業主災害防止の努力の促進とは無関係であること，メリット制をそのまま適用すれば，被災地の事業主の保険料負担が増加することから，今回の保険給付額は，メリット収支率の算定には反映させないこととされている。

(4) 労災保険の遺族年金と厚生年金の遺族年金，国民年金の遺族基礎年金の受給権を取得した場合には，労災保険で併給の調整がなされる。

(5) 東日本大震災で行方不明となった者が3カ月生死が分からなかった場合には，失踪宣告を待たず，死亡日を3月11日と推定して，遺族年金などの死亡を支給事由とする年金が請求できる。

(6) 激甚災害を受けた指定地域にある事業所が災害により，休止・廃止した場合には，実際に離職していなくても，失業給付を受けることができる。この失業給付については，年金との調整は行われないことになっている。

(7) 労災と認定された場合，葬祭を行った者に葬祭料（葬祭給付）が支給されるが，この場合，社会保険の埋葬料は支給されない。

2 計画停電による休業の場合

(1) 終戦直後には，労働省の通達「電力不足に伴う労働基準法の運用について」（昭和26年10月11日付基発第696号の第1の1）により，「休電による休業の場合は，原則として使用者の責に帰すべき事由による休業に該当しないから，休業手当を支払らわなくても労基法第26条違反とはならない」とされていた。

しかし震災後の通達「計画停電が実施される場合の労働基準法第26条の取扱いについて」（厚生労働省基発0315第1号平23・3・15）により，次のように改められた。

「1 計画停電の時間帯における事業場に電力が供給されないことを理由とする休業については，原則として法第26条の使用者の責めに帰すべき事由による休業には該当しないこと。
2 計画停電の時間帯以外の時間帯の休業は，原則として法第26条

の使用者の責に帰すべき事由による休業に該当すること。ただし，計画停電が実施される日において計画停電の時間帯以外の時間帯を含めて休業とする場合であって，他の手段の可能性，使用者としての休業回避のための具体的努力等を総合的に勘案し，計画停電の時間帯のみを休業とすることが企業の経営上著しく不適当と認められるときには，計画停電の時間帯を含めて原則として法第26条の使用者の責に帰すべき休業には該当しないこと。
　3　計画停電が予定されていたため休業としたが，実際には計画停電が実施されなかった場合については，計画停電の予定，その変更の内容やそれが公表された時期を踏まえ，上記1及び2に基づき判断すること。」

(2)　しかし労働組合との労働協約や就業規則等により，天災地変等による休業の場合でも賃金全額を支払う旨の定めがあれば，支払義務はあるし，計画停電の時間以外も休業するような場合には，反対の特約がない限り，休業手当の支払義務はある。

3　労災保険

(1)　今回の地震による怪我や死亡等に関する労災の請求は，労働局が実施する出張相談等の場はもとより，「全国のすべての労働基準監督署」で受け付けることになっている。医師や事業主の証明を受けられない場合でも，請求書を受け付けるとともに，怪我や治療や投薬については，所定の請求書が入手できない場合であっても，「任意の様式」により医療機関で手続ができる。

(2)　東日本大震災による災害により3カ月間生死が分からない場合又は死亡が3カ月以内に明らかとなり，かつその死亡の時期が分からない場合には，平成23年3月11日に死亡したものと推定し，遺族年金等労働者の死亡を支給原因とする年金を受給することができる（労災法10条，国民年金法18条の2，厚生年金法59条の2の拡張解釈）。

(3) 労災保険の請求には，就労先や賃金明細書が必要であるが，その資料がない場合でも，労働基準監督署が関係者からの聴取などの調査により，これに換えることができる。

4 失業給付

災害により休業または一時的に離職を余儀なくされた労働者は，「災害時における雇用保険の特例措置」により，失業給付（雇用保険の基本手当）を受給することができる。この特例措置には，次の2種類がある。
① 「災害救助法の適用地域における雇用保険の特例措置」（一時的に離職する場合の特例措置）
　　災害救助法の適用地域にある事業所が災害により休止・廃止し，労働者に賃金を支払うことができない場合，労働者が実際に離職していなくても，失業給付を受給することができる。
② 「激甚災害法の雇用保険の特例措置」（休業する場合の特例措置）
　　事業所が災害を受けたことにより休止・廃止したため，休業を余儀なくされ，賃金を受けることができない状態にある労働者は，実際に離職していなくても失業給付を受給することができる。

この取扱いによる失業給付については，年金との調整は行われないこととされている。

5 葬祭給付

労災と認定された場合，葬祭を行った者に支給される。その場合，社会保険の埋葬料は不支給となる。

Ⅱ　会社の倒産や震災で出勤できない場合等の賃金

1　未払賃金立替払制度

(1)　会社の倒産や震災で出勤できない場合には，未払賃金立替払制度（企業の倒産により賃金が支払われないまま退職した労働者に対して，未払賃金の一部を立替払する制度）があり，全国の労働基準監督署および労働者健康福祉機構がこの制度を実施している。

　イ　要件　　使用者が①1年以上事業活動を行っていたこと，②法律上の倒産（破産，特別精算，会社整理，民事再生，会社更生の場合），または事実上の倒産（中小企業について，事業活動が停止し，再開する見込みがなく，賃金支払能力がない場合）。監督署の認定が必要。②労働者が，倒産について裁判所への申立等（法律上の倒産の場合），または労働基準監督署への認定申請が行われた日の6カ月前の日から2年の間に退職した者であること。

　ロ　労働者は，未払賃金の額等について，法律上の倒産の場合には，破産管財人等による証明を，事実上の倒産の場合には労働基準監督署長による確認を受けた上で，2年以内に，独立行政法人労働者健康福祉機構に立替払の請求を行う。

　ハ　立替払の対象となる未払賃金は，労働者が退職した日の6カ月前から立替払請求日の前日までに支払期日が到来している定期賃金と退職手当のうち，未払となっているものの8割であり，ボーナス等や，総額が2万円以下のものは立替払の対象とはならない。

　ニ　立替払を受けることのできる労働者は，労働者として雇用されていた者で，正規，非正規（パート，アルバイト），国籍を問わない。

ホ　立替払をした場合には，労働者健康福祉機構がその分の賃金債権を代位取得し，本来の支払責任者である使用者に求償することになっている。

ヘ　震災により，会社の代表者が行方不明でも，また給与に関する書類が殆ど残っていない場合でも，労働基準監督署でこれまでの賃金の支払状況が確認できれば，請求の手続は可能である。

2　派遣労働者の未払賃金

(1)　派遣先が震災により事業活動を休・停止したため，派遣元が派遣労働者に休業や自宅待機を命じた場合，賃金や休業手当はどうなるのかという問題が生じる。この点については，次のような通達（昭61・6・6基発333号）がある。「派遣中の労働者の休業手当について，労働基準法第26条の使用者の責に帰すべき事由があるかどうかの判断は，派遣元の使用者についてなされる。したがって，派遣先の事業場が，天災地変等の不可抗力によって操業できないために，派遣されている労働者を当該派遣先の事業場で就業させることができない場合であっても，それが使用者の責に帰すべき事由に該当しないこととは必ずしもいえず，派遣元の使用者について当該労働者を他の事業場に派遣する可能性等を含めて判断し，その責に帰すべき事由に該当しないかどうかを判断することになること。」

(2)　派遣法制定当時の理想的なモデルからすれば，通達のような結論になるのは当然である。しかし派遣法の現実の運用，特に原発事故の修復作業の現場の実態等からすれば，派遣元は，単なる歯車の一環として協力会社である元請ないし注文主の実質的指揮命令権下にあり，休業や自宅待機の派遣労働者に，派遣元が自己の負担において賃金や休業手当を支払うことは考えられないであろう。

(3) 震災後の派遣労働者の扱いについては，派遣元は労基法違反の責めを負わず，派遣労働者は，正規の労働者と同じように雇用保険の特例措置による失業手当を受けることができるし，派遣先が激甚災害地域であれば，直ちに特例措置を受けることができるとされている。

Ⅲ 被災企業の内定取消と解雇

1 内定取消

岩手，宮城，福島の3県のハローワークに内定者についてよせられた相談は，2011年3月まで43件，理由は「事業継続が困難」，「人を雇う余裕がない」等であった。

(1) 採用内定は，一般論としては「入社日を始期とする解約留保権付労働契約の成立」とされているから，所定の内定取消事由に該当すれば留保解約権の行使として内定を取り消すことができるが，そうでない場合には，通常の解雇と同様に解雇権濫用の法理により，判断されることになる。しかし全く想定していなかった天災地変によるものであり，さりとて「権利の濫用」にわたるような便乗解雇は許されないということから，個々の事案ごとに慎重に判断せざるをえない。この点については，次項の「解雇」の正当性の問題と同じである。

(2) 採用内定については，厚生労働大臣と文部科学大臣が，平成23年3月22日に，連名で，主要経済団体及び業界団体に「採用内定を得ている被災地の新卒者等が，可能な限り入社できるよう最大限努力すること」等の要請を行っている。

2 解　雇

(1)　今回の大震災を原因として，企業が休・廃止に追い込まれ，労働者が解雇されるケースが数多く見られるが，法的には解雇を規制する特別法が制定されたわけではなく，解雇は「客観的に合理的な理由を欠き，社会通念上相当であると認められない場合は，その権利を濫用したものとして，無効とする。」（労働契約法16条）という原則，「使用者は，期間の定めのある労働契約について，やむを得ない事由がある場合でなければ，その契約期間が満了するまでの間において，労働者を解雇することができない。」（労働契約法17条）という原則を，個別的な事案について，どのように適用していくかという問題にほかならない。

(2)　震災を直接的な原因とする企業の休・廃止による解雇

地震・津波による事業場の倒壊・流失等により，事業が休・廃止に追い込まれ，再建の見通しがたたなくなったような場合，大企業であれば，自宅待機や他の事業所ないし子会社への配転出向が考えられるが，一般的には，やむを得ず労働者を解雇せざるをえなくなるであろう。このような場合には，解雇も「客観的に合理的な理由」を有し，「社会通念上相当」であると認められる可能性が高い。したがって，すでに見てきたように，未払賃金立替払制度の利用や「災害時における雇用保険の特例措置」による失業給付（雇用保険の基本手当）を受給するという救済策に頼らざるをえない。

(3)　震災を間接的な原因とする企業の休・廃止による解雇

例えば震災地から遠く離れた地域に立地する企業が，東北地方からの部品の調達ができなくなったとか，東北地方への部品の供給ができなくなったためとか，その他震災に便乗したような事業規模の縮小理由とする解雇は，「客観的に合理的な理由を欠き，社会通

念上相当であると認め」難い場合とされる余地が多分にあるといえる。

(4)　一般に経営上の都合を理由とする解雇を「整理解雇」と呼んでいるが，震災を理由とする解雇についても，判例法上確立された「整理解雇の4要件」をみたす必要性がある。

それは，① 企業の財政状態，操業状態等から，企業の存立維持のためにやむをえないと是認できる程度の必要性があったかどうか，② 配転，一時帰休，希望退職者の募集等，労働者にとって解雇よりもより苦痛の少ない方策によって余剰労働力を吸収し，整理解雇を回避するための努力をつくしたかどうか，③ 労働組合ないし労働者の代表者に対し，事態を説明して了解を求め，人員整理の時期，規模，方法等について労働者側の納得が得られるよう努力したかどうか，④ 解雇基準およびそれに基づく人選の仕方が客観的・合理的なものであるかどうかの4点である。

Ⅳ　債務不履行・不法行為に基づく損害賠償

1　安全配慮義務違反を理由とする損害賠償

安全衛生法22条は，「事業者は次の健康障害を防止するため必要な措置を講じなければならない。」とし，2号において「放射線，高温，低温，超音波，騒音，振動，異常気圧等による健康障害」と定めている。しかし東海村のJCO臨界事故の時もそうであったが，電力会社が補償するのは250ミリシーベルトを浴びたときに起こる急性障害だけで，何十年もあとに起こる可能性の白血病や甲状腺がん等の晩発性障害は，因果関係が認められないとして斥けられることが多い。

このような場合には、作業時の電力会社・協力会社・下請会社等を相手として安全配慮義務違反を理由とする損害賠償を提起せざるをえない。

2 不法行為を理由とする損害賠償

(1) 不法行為制度は、個人の活動の自由に対して最小限の制約を課す制度と考えられ、その要件は厳格なものとされてきた。道徳的に多少非難すべき制度でも、他人の権利を侵害しない以上は不法行為とならないとされ、故意過失が不法行為の要件とされてきたのはこのような思想の現れである。

(2) 近代社会における不可避の事故と被害者の救済

しかし近時の社会には巨大な資本を有し、進歩した科学的施設を利用する企業が多くなり、これらの企業は不可避の危険を内蔵する。鉱山業における鉱毒・爆発、製造業における機械の故障、運輸業における交通事故等、万全の措置をしても、その災害は、労働者、近隣の利用者(消費者)にまで及ぶ。この災害を、企業者に責むべきものがないとの理由で被害者に忍従すべきであるとするのは公平に反する。

企業を運営して利益を得ている企業や危険物から利便を得ている個人は、そこから生じる必然的な損害に対して故意・過失を問題とすることなく、当然賠償の責めに任ずべきであるとする理論(無過失責任論。利益を得ていることを理由とする場合を報償責任、危険物の保有を理由とする場合を危険責任という)が現れてきた。

(3) 危険ないし損害の分配

不可避の事故について賠償責任を負担する者は、なんらかの自衛措置を講ずる。それは、①損害を、予め製品ないしサービスの価格に転嫁して、消費者に分配する。②責任保険をつけることによっ

て被保険者集団の構成員に分配する。③ 国家が，被害者の救済を迅速・確実にするため強制保険ないし類似の制度を創設する，というような制度である。

(4) 不法行為は，個人の自由な活動に最小限度の限界を与える制度とされてきたことから，しだいに個人の自由な活動の範囲を社会の共同生活の理想に合致させ，共同生活から生じる災害を社会の各員に合理的に分配しようとする制度に変わろうとしている。すなわち，われわれはここにも，民法の指導原理が消極的に権利と自由とを保障することから積極的に協同生活を維持保障することに転化しつつあることを知るべきである（我妻 = 有泉『民法 2 債権法』16 頁）。

第2章
福島第1原発事故

1 震災・原発事故に対処するための特別措置法

東日本大震災・原発事故に対処するため、いくつかの特別措置法が制定されているが、それらの法律の基本となっているのは災害対策基本法である。

(1) 災害対策基本法

災害対策基本法は、1961(昭36)年に、伊勢湾台風を契機として防災関係法令の一元化を図るために制定されたものであり、今回の東日本大震災の災害の応急対策や復旧に対する国や地方自治体の体制を整える基本法となった。同法による災害は、暴風、豪雨、洪水、地震、津波、噴火等の異様な自然現象のほか、これに類する政令で定める原因による被害となっており、その1つに「放射性物質の大量の放出」があげられている。したがって、今回の福島第1原発の事故に対しても、災害対策の基本法として機能したのである。

災害対策基本法は、「国土並びに国民の生命、身体及び財産を災害から保護するため」、① 防災に関して、国、地方公共団体及びその他の公共機関を通じて必要な体制を確立し、責任の所在を明確にするとともに、② 防災計画の作成、③ 災害予防、④ 災害応急対策、⑤ 災害復旧及び防災に関する財政金融措置その他必要な災害対策の基本を定めることにより、「総合的かつ計画的な防災行政の整備及び推進を図」ることを目的とする（同法1条）。

同法により、都道府県知事（災害時に応急の措置を必要とするときは、市町村長に対し、応援を指示することができる）は、災害救助法に基づき、応急措置の実施について従事命令等を出すことができるようになっているが、この命令等に違反した場合には、罰則の適用がある（同法第9章）。

(2) 原子力災害対策特別措置法

原子力災害対策特別措置法は，原発事故による原子力災害が自然災害と比べて特殊であることから，1999(平11)年に制定された法律である。原子力災害対策特別措置法は，① 原子力災害の予防に関する原子力事業者の義務，② 原子力緊急事態の発出，③ 原子力災害対策本部の設置，④ 緊急事態応急対策の実施，⑤ その他原子力災害に関する事項について特別の措置を定めることにより，⑥「原子力災害から国民の生命，身体及び財産を保護する」ことを目的とする（同法1条）ものである。

原子力災害の予防に関し，原子力事業者に義務づける条項については，罰則が設けられている（同法第7章罰則）。

(3) 特定放射性廃棄物の最終処分に関する法律
── 2000(平12)年6月，(平成23年7月改正)

1994(平6)年6月，原子力委員会は「原子力の研究，開発及び利用に関する長期計画」を策定し，高レベル放射性廃棄物は，ガラスと混ぜて安定的な形態に固化した後，30年間から50年程度冷却のため貯蔵し，その後地下300メートル以深の地層に処分することを基本的な方針とすることにした。翌年5月，高レベル放射性廃棄物処分懇談会は，「高レベル放射性廃棄物処分に向けての基本的考え方」として，事業資金の確保，実施主体等について法律の制定を含めた提言を行い，さらに1999(平11)年，綜合エネルギー調査会原子力部会は，「高レベル放射性廃棄物処分事業の制度化のあり方」について提言を行っている。

これらを受けて，2000(平12)年6月，特定放射性廃棄物の最終処分に関する法律が制定された。骨子は，① 経済産業大臣は最終処分の全体計画を，原子力委員会，原子力安全委員会の意見を聴いて，閣議決定すること，② 発電用原子炉設置者は，経産大臣が決定し

た拠出金を処分実施主体に拠出。拠出金に見合う高レベル放射性廃棄物の処分は、実施主体が行う等である。

特定放射性廃棄物の最終処分は、原子力発電に、使用済み燃料を再処理し、ウラン、プルトニウムをリサイクルし、MOX 燃料として活用する方策をとったことから、原発の安全性の問題として注目の的となっている。

(4) **放射性物質汚染特別措置法**

今回の原発事故の特別措置法として、東日本大震災により生じた災害廃棄物の処理に関する特別措置法が 2011(平 23)年 8 月に制定されている（平 12 年 1 月 5 日施行）。

放射能汚染のがれき処理について、① 高濃度汚染地域の指定（国が汚染がれきの処理をする）、② レベルが低い地域は、国、都道府県、市町村が分担して除染する、③ 自治体の費用は、国が建て替えた上で東電に賠償を請求する、となっている。

(5) **福島復興再生特別措置法**（平 24・3・31 法律 25 号）

概要は、①避難指示が解除された区域の復興や長期にわたって帰宅できない人への支援などについて、首相に基本方針の取りまとめを義務づけ、政府として閣議決定することになる。② 本来は自治体が行う道路や堤防整備などインフラ事業の代行や産業用地の無償提供、税制上の優遇など他の地域を上回る特例措置を導入する。③ 住民の大規模な避難や風評被害、健康不安といった前例のない事態からの再生を全面支援するとともに国が最終的な責任を負う姿勢を明確に打ち出す、となっている。

2　国際原子力機関（IAEA）への報告書

原子力災害対策本部は、平成 23 年 6 月、IAEA に対し、「原子力安全に関する IAEA 閣僚会議に対する日本国政府の報告書──東京

電力福島原子力発電所の事故について」と題する報告書を提出した。ついで同本部は，9月12日に，IAEAに対し，8月末までの新たな情報を加えた改訂版ともいうべき追加報告書を提出している。

(1) 一次報告書

一次報告書は，提出「時点までの原子力安全と原子力防災に関する技術的な事柄を中心」としたものであるが，膨大なものである。目次は，Ⅰ はじめに，Ⅱ 事故前の我が国の原子力安全規制等のしくみ，Ⅲ 東北地方太平洋沖地震とそれによる津波の被害，Ⅳ 福島原子力発電所等の事故の発生と進展，Ⅴ 原子力災害への対応，Ⅵ 放射性物質の環境への放出，Ⅶ 放射線被曝の状況，Ⅷ 国際社会との協力，Ⅸ 事故に関するコミュニケーション，Ⅹ 今後の事故収束への取り組み，ⅩⅠ その他の原子力発電所における対応，ⅩⅡ 現在までに得られた事故の教訓となっている。

(2) 追加報告書

事故収束に向けた工程表のうち，原子炉と使用済み核燃料一時貯蔵プールの安定的な冷却を狙った「ステップ1」の達成にふれ，「より安定的な冷却を実現するためには，なお数カ月の時間を要する」との現状を分析した。

6月の報告書で打ち出した28項目の対策については，具体的な取り組みをあげ，原子力行政の推進と規制の両分野を担う経産省から，規制行政を分離させるため，「原子力安全庁」を来年4月に新設することを明記。各原発で原子炉の冷却機能が失われた場合の対応として大規模冷水タンクなどの耐震性を高める方針を示した。また原発の規制組織として「原子力安全庁（仮称）」を設置することと，原発の安全性を評価するストレステスト（耐性評価）の導入が柱となっている。

第3章
原子力発電

1 原子力発電のしくみ

(1) 原　　理

　原子力発電は，本来，原子力潜水艦用のエンジンとしてアメリカ海軍の委嘱に基づき，電気機器メーカーの GE（ゼネラルエレクトロニクス）社や WH（ウェスチングハウス）社が開発したものが，原子力の平和利用として推進されたものである。原子核の本来もつ危険性を無視すれば，原理は，通常の火力発電と同じボイラーの一種であるということができる。火力発電は，石炭や石油，天然ガス等の化石燃料をボイラーで燃焼させて蒸気を発生させ，それによってタービンを動かし電気をつくる。原子力発電はウランを核分裂させることによって熱エネルギーを発生させ，水を沸かし，蒸気の力でタービンを回転させて電気を起こすのである。

　原子力発電は，発電段階においては CO_2 を全く排出せずに大量の電力を安定して供給することができ，使い終わった燃料を再処理することにより再利用できるということから，資源小国のわが国においては，最適の科学技術であるとして，あたかも国策であるかのように積極的に導入された。

(2) 原子炉

　原子力発電所においてウランを燃やすための装置が原子炉であるが，原子炉内では，ウラン燃料の核分裂が連続して起こっている（連鎖反応）。水や制御棒で核分裂の数をコントロールすることにより，一定の出力で運転しているのである。すなわち核分裂をコントロールするためには，中性子の減速材と冷却材が必要である。減速材とはウランの核分裂反応で発生した中性子の速度を低下させて連鎖反応を起こしやすくするものであり，黒鉛や水（軽水または重水）が用いられる。冷却材は核分裂反応で生じた熱を取り出して蒸気に

換える役割をするものであり,炭酸ガス,ヘリウム,水等が用いられる。

(3) **軽 水 炉**

軽水炉は,減速材と冷却材の双方に軽水を使うものであり,最もポピュラーなものである。しかしアメリカで軽水炉が登場する以前に,英国では,黒鉛の減速材と炭酸ガスの冷却材をもつ原子炉,旧ソ連では黒鉛の減速材と軽水の冷却材をもつ原子炉が開発され,すでに発電を行っていた。

軽水炉には,さらに加圧水型軽水炉と沸騰水型軽水炉とがある。水は通常の1気圧では100度Cで沸騰し,水蒸気に気化するが,加圧水型では,炉心を循環する1次冷却水を157気圧に加圧することで,320度Cの高温水として熱を外部に送り出す。これを熱交換器を介して2次冷却水に熱を与えて蒸気とし,タービンを駆動するのである。日本では,加圧水型と沸騰水型の両方の原子炉が設置されている。

(4) **プルサーマル**

プルサーマルとは,原発の使用済み核燃料から取り出したプルトニウムをウランと混ぜてプルトニウム・ウラン混合酸化物(MOX)燃料をつくり,再び原発で使用することをいう。天然ウランは,ウラン235(0.7%)とウラン238(99.3%)から成り立つ。核分裂を起こすのはウラン235であるから,原爆も原発もウラン235を取り出す必要がある。原爆は,ウラン235を100%近く抽出した「濃縮ウラン」を使用するが,原発は5%位の「濃縮ウラン」を使用している。原子炉で燃やすとウラン235が核分裂を起こすほか,ウラン238に中性子が当たってウラン239,ネプツニウム239を経て核分裂を起こすプルトニウム239になる。原子炉を運転中は,ウラン239からつくられたプルトニウム239も燃料として燃える。使用済

み燃料に含まれるプルトニウムを再処理工場で分離し，ウランと混ぜたものが MOX 燃料である。これを利用するのがプルサーマル発電である。

　プルトニウムは，半減期が長く，発がん性がある。半減期は，プルトニウム 238 は 87.7 年，プルトニウム 239 は 2 万 4,110 年，プルトニウム 240 は 6,564 年，プルトニウム 241 は 14・29 年といわれている。

　MOX 燃料は，原発に使うウラン燃料を節約するために 2009 年以降，全国で 4 原子炉に導入された。(玄海 3 号機：九州電力　2009 年 12 月，伊方 3 号機：四国電力　2010 年 3 月，福島第 1，3 号機：東京電力　2010 年 10 月，高浜 3 号機：関西電力　2011 年 1 月)。福島第 1 原発の 3 号機が地震により止まったときには，玄海 3 号機は，定期検査中で止まったままであった。4 月までには再稼働する予定であったが，いわゆる「やらせメール」事件で再開はきまっていない。

　もともとプルサーマルに対しては，毒性の強いプルトニウムを使うことやウラン向けに設計された原子炉 MOX を流用することへの懸念から，反対の意見はあった。福島第 1 の事故により，MOX 燃料の使用差し止めを求めて 2010 年 8 月に九電を提訴していた市民団体「玄海原発プルサーマルの会」は，2011 年 7 月には運転再開差し止め仮処分を申請した。

(5)　高速増殖炉

　高速増殖炉とは，MOX 燃料を使い，発電しながら消費した量以上の核燃料を生成できる原子炉をいう。現在研究開発中で，実用化は 2050 年頃と見込まれている。1995 年 1 月 12 日にナトリウムが漏れる事故を起こし，長期間運転が止まった。2010 年 5 月に性能試験を再開したが，同年 8 月に燃料交換機器の一部が炉内に落下する事故があった。今年度予算には運転費や耐震工事費など 216 億円

が計上され，これまでの総事業費は1兆円近くに達するという。文科相は，高速増殖炉「もんじゅ」(福井県敦賀市)について，「エネルギー政策の見直しの中で一つの課題として方向性を出す」と述べ，開発中止も含めて検討することを明らかにした（毎日新聞2011・7・15)。文科省は，高速増殖炉の実用化に向けた研究開発費につき，2012年度予算の概算要求で2011年度の100億円から7～8割減らす方針をかため，試験運転中の原子炉「もんじゅ」については，施設の安全対策や機能を保つための維持管理費として今年度並みの100億円を計上するという（朝日新聞2011・9・28)。

(6) 核融合

　原子力発電の方式として，「核融合」が研究されている。核分裂ではなく核融合だと燃料に放射性物質を使わないし，得られるエネルギーも大きい。現在の核分裂による発電は，発電をするしないにかかわらず，とめることができない。自然界にあるウラン235は，放っておいても放射線を出しながら崩壊していくが，原発の燃料はウラン235を濃縮したものであるから，発電をやめても，廃炉にしても放射線は出し続けるのである。これに代わるものとして核融合が研究されている。核融合発電は，原子番号の低い重水素の温度を高くすることでプラズマ状態にして原子核同士を融合させ，エネルギーの高い中性子とヘリウム原子核を発生させ，中性子のエネルギーはブランケットと呼ばれる炉の壁に吸収させることで炉の温度を上げ，これを熱エネルギーとして発電に利用しようとするものである。核融合発電では，事故の場合，中性子を受けた壁や構造材料などの放射化はあるが，低レベルの放射性物質が残るだけであるとされている。しかし技術的にはまだ将来の話である。

(7) 廃炉

　通常運転をしている原子炉を廃炉にするコストは，1基当たり

800億円から1,000億円といわれる。一番コストがかかるのは、放射能の封じ込めであり、数年から数十年単位で時間がかかる。日本原子力発電の東海原子力発電所の廃炉作業には、約930億円を要したという（解体費用　約300億円、廃棄物の処分　約400億円、施設撤去までの維持費　約数百億円、運転中に出た低レベル放射性廃棄物の処分　約140億円）。原発は、地震による停止も、点検等のための稼働停止も、廃炉のための停止も核分裂との関係では同じである。福島第1原発4基の廃炉には、30年1兆円以上かかるといわれている。

2　原子力爆弾と原子力発電の違い

(1)　電気事業連合会（「コンセンサス原子力2010」）によれば、「原子爆弾は、核分裂しやすいウラン235（またはプルトニウム239）の割合を100％近くまで濃縮し、瞬時に核分裂反応を引き起こして大量のエネルギーを一気に発生させ」るが、原子力発電ではウラン235が3～5％しか含まれていない燃料を使い、3～4年かけて核分裂させ、少しずつエネルギーを取り出す点が異なる。一気に核分裂させようとしても、ウラン235と一緒に含まれるウラン238が中性子を吸収するため、核分裂連鎖反応の増大が抑えられる。したがって原子爆弾のように爆発する心配はない。また、プルサーマルで使用するMOXには、プルトニウムが含まれているが、核分裂しやすいプルトニウムは4～9％しか含まれていないという。

(2)　原発は、「核分裂を起こすウラン235が低濃縮のものである」ということは、瞬時の核分裂が目的ではないということを意味するだけで、安全性を意味するものではない。原発は、そもそも原爆とは使用するウランの量が違う。原子炉内や保管プール内でも崩壊熱がたまり、高熱になって、ウランが液体となり、一箇所に一定量たまれば臨界状態になる可能性はある。プルトニウムは、プルトニウ

ム239を高濃縮（90％以上）したもので長崎型の原爆である。原爆（水爆）の実験により、世界中に放射能がまき散らされた。今回の原子炉事故でもプルトニウム238, 239, 240が検出されている。

　原爆の場合、核分裂によって作り出される「死の灰」の量は重さにして概ね50キロくらいといわれている。しかし原発の場合は何トン、何十トンの放射性物質（汚染水）をため込んでいる。原子炉が崩壊熱により高温になり、そこに水が加わり、大量の水蒸気が発生して水蒸気爆発が起きると、大量の放射性物質が拡散し、環境汚染が起きる。長期にわたって広範囲に環境汚染を引き起こすという意味では、原爆に劣らない恐ろしさがある。原発をやめても冷却に30年はかかる。使用済み核燃料棒の処理を最終的にどうするかは、まだ決まってもいない。

(3)　「福島第1原発放出のセシウムは広島原爆の168個分に相当」する（毎日新聞2011・8・26）という。保安院が試算し、試算値は衆院科学技術イノベンション促進特別委員会に提出された。原爆は「原子放射線の影響に関する国連科学委員会2000年報告」、福島第1原発は6月にIAEAに提出された政府報告書の試算を基に作成された。セシウム137の放出値は福島第1原発1～3号機が1万5,000テラベクレル（テラは1兆）に対し、広島原爆は58テラベクレル。ヨウ素131は、福島第1原発が16万テラベクレルに対し、広島原爆は6万3,000テラベクレル。保安院の森山原子力対策主監は、「原爆は一瞬に爆発や熱線、中性子線を放出し、破壊するもので、単純に放出量で比較するのは合理的ではない」と述べた。

(4)　原発を維持するにせよ廃止するにせよ、耐用年数を経過した原発の廃炉は避けられない。安全に処理する技術の確立を急ぐべきであるし、災害にあったわが国の使命ともいうべきものである。同時に発電事業と送電事業の分離、太陽光・風力・水力等の再生可

能なエネルギーへの転換と原発との併存，省電力は避けて通ることのできない問題である。電力を効率的に利用するスマートグリッド（次世代送電網），リチウムイオン電池の開発促進を急ぐべきである。

第4章
原子力発電の歴史と現状

第1節　わが国の原発の歴史

(1)　1945年8月15日の終戦後，日本は連合国により原子力に関する研究を行うことも禁止された。1951年9月8日サンフランシスコ講和条約，日米安保条約調印。同年，米国が世界初の原子力発電に成功。1952年講和条約の発効とともに，原子力に関する研究が解禁された。

(2)　1953年8月1日，ソ連が水爆実験に成功。同年12月8日米大統領アイゼンハワーが「アトムズ・フォー・ピース」演説。この原子力の平和利用演説が，日本の原発導入のきっかけとなっている。当時はソ連が水爆実験に成功した直後で，米国は，原子力技術を他国へ供与することで西側陣営の強化拡大を図ることとし，日本もその陣営に組み込まれたのである。このような米国の世界戦略の一環として日本の原発開発が進められることになった。

(3)　1954年3月1日，米水爆実験で第5福竜丸が被爆。世論は反核に向かったが，3月3日には，原子力平和利用研究補助金2億3,500万円が認められている。戦犯訴追解除後，読売新聞に復帰した正力松太郎は，その後衆院議員，第二次岸内閣の原子力委員会の議長を勤め，その意向により，1954年3月3日，科学技術庁長官中曽根康弘（改進党）は，衆院予算委員会において，改進党，自由党，日本自由党との間で，科学技術研究補助費のうち原子力平和利用研究補助金2億3,500万円，ウラニウム資源調査費1,500万円の予算提出を3党共同修正案として本会議に提出する旨の合意をとりつけ，翌3月4日の衆院本会議で趣旨説明，予算案は修正案も含め，

第4章　原子力発電の歴史と現状

一括採択された。これにより，「原子炉構造のための基礎研究費及び調査費」が認められた。

(4)　1955年5月9日，米国の原子力平和使節団が来日。8月8日，ジュネーブで第1回原子力平和利用国際会議が開催された。ジュネーブで開かれる国連主催の「原子力平和利用国際会議」に出席するため，超党派の国会議員4名（民主党の中曽根，自由党の前田，右派社会党の松前，左派社会党の志村）が羽田空港を飛び立った。会議が終わった後，欧米の原子力関連施設を視察。夜はホテルの一室に集まり，帰国後に取り組む原子力基本法の整備について話し合いを進めた。「9月12日に帰国した4人は，羽田空港で『超党派で原子力平和利用の長期計画を確立・推進し，問題を政争の圏外に置く』と共同声明を発表」。「日本が無謀な戦争に突っ込んだ原因は資源不足と科学的でない政治にある」と考えていた松前は，「原子力基本法に『平和目的に限定』の文言と『自主，民主，公開』の3原則を盛り込むことを強く主張し，実現させた。」（朝日新聞2011・8・18「原発国家社会党編上」）。同年11月1日には，東京で原子力平和利用博覧会が開幕されている。

(5)　1955年12月19日，原子力基本法が成立。原子力利用の大綱が定められ，同時に原子力委員会，原子力安全委員会が設けられた。このときの衆院「科学技術振興対策特別委員会」で原子力基本法案の提案理由説明に立った中曽根議員は原発の安全性と必要性を強調。「原子力はかつては猛獣だったが，今は家畜になっている。原子力で日本の水準を上げて，国際的にも正当なる地位を得るように努力する」と述べている。

1957年8月27日，茨城県東海村の実験炉で日本初の「原子の火」がともった。

(6) 1972年，田中内閣発足。首相就任直前の72年6月に刊行した『列島改造論』には，東京と地方都市を高速道路と新幹線で結ぶことに加え，原発にも言及している（朝日新聞2011・8・16「原発国家　田中角栄編上」）。田中角栄は「首相時代の2年半，石油と濃縮ウランを米国以外に求め歩いた。米国を追って『原発国家』へ至った戦後日本で，米国に頼らずエネルギーを確保する手段として原発を考えた希有な指導者だった。」。「首相就任後，ただちに日中正常化に着手する一方，米国が供給体制を支配していた石油と濃縮ウランの確保に動く」。「当時，日本で稼働していた原発は5基。10年後は5倍以上に増やす計画だったが，燃料である濃縮ウランは米国からの輸入だけに頼っていた」。英国の北海油田やシベリアの油田との話，フランスからの「年間1千トンの濃縮ウランの輸入」，OPECからの石油の輸入など必ずしも米国の意に沿わない資源外交を展開した（朝日新聞2011・8・17「原発国家　田中角栄編下」）。原発は，高度成長期の日本の「カネの力」で急拡大，1973年の第一次オイルショックでさらに加速された。田中首相は1974年6月に原発立地・周辺自治体に多額の交付金を落とす電源3法を成立させた。過疎地にとって原発誘致は財源確保の即効薬となったのである。

第4章　原子力発電の歴史と現状

第❷節　原発規制の法制度

　原発規制の法制度について，ここでは原発創設時と原発促進期についてみていくことにし，その後の原発規制の特別法については，「5章　原発事故の法的諸問題」の各節において分説することにする。

1　原発創設時の基本法

(1)　原子力発電の導入——原子力基本法，原子炉等規制法，放射線障害防止法，原子力損害賠償法，原子力損害賠償補償契約法の制定

　原発の導入に当たって，受入体制を整えるために，1955(昭30)年12月，原子力基本法を初め，いくつかの原子力利用の大綱を定める法律が制定されている。

　まず原子力基本法1条は，「原子力の研究，開発及び利用を推進することによって，将来におけるエネルギー資源を確保し，学術の進歩と産業の振興とを図り，もって人類社会の福祉と国民生活の水準向上とに寄与する」ことを目的として掲げている。そして2条において，基本方針として「原子力の研究，開発及び利用は，平和の目的に限り，安全の確保を旨として，民主的な運営の下に，自主的にこれを行うものとし，その成果を公開し，進んで国際協力に資するものとする」としている。また4条で，これらの施策を遂行し，原子力行政の民主的な運営を図るため，内閣府に，原子力委員会及び原子力安全委員会を置くことを定め，7条において，独立行政法人日本原子力研究開発機構を設置し，「原子力に関する基礎的研究及び応用の研究並びに核燃料サイクルを確立するための高速増殖炉

及びこれに必要な核燃料物資の開発並びに核燃料物資の再処理等に関する技術の開発並びにこれらの普及」を行うことと定めている。

原子力基本法7条に基づき，1956(昭31)年6月，茨城県那珂郡東海村に本部を置く，特殊法人「日本原子力研究所」（現・独立行政法人「日本原子力研究開発機構」）が設立された。同研究所は，敦賀，大洗，高崎，青森等各地に研究開発センターを有し，高速増殖炉，核燃料サイクル・使用済み核燃料の再処理実験，放射性廃棄物の地層処分技術等の研究を行っている。

1957(昭32)年，原子炉等規制法（核原料物質，核燃料物質及び原子炉の規制に関する法律），放射性同位元素等による放射線障害の防止に関する法律，原子力損害賠償法，原子力損害賠償補償契約法が制定されている。同時に1961(昭36)年には原子力損害賠償法，原子力損害賠償補償契約法が相次いで制定されている。

(2) **原子力発電の開始**

イ　1957(昭32)年11月，電気事業連合会加盟の9電力会社及び電源開発の出資により「日本原子力発電株式会社」が設立された。そして63(昭38)年10月には，東海村の実験炉において日本初の発電が行われたのである。

ロ　1999(平11)年9月にJCO東海事業所の核燃料加工施設の転換試験棟において，住民に避難要請や待避勧告が出されるような大きな臨界事故が発生しているので，株式会社JCOについて触れておくことにする。JCOは，住友金属鉱山が1957(昭32)年から，新しいエネルギー源として核燃料の製造技術の研究開発に努め，独自の溶解抽出法による六フッ化ウランから二酸化ウランへの転換技術を開発した。住友金属鉱山燃料事業部として，転換加工事業の許可を受け，1973(昭48)年2月に東海工場を完成，操業を開始した。1980(昭55)年12月に日本核燃

第4章　原子力発電の歴史と現状

料コンバージョン株式会社として独立。1983(昭58)年4月，第2加工施設棟を設置。1998(平10)年8月，株式会社JCOに名称変更。1999(平11)年9月30日，臨界事故を起こす。

　2003(平15)年4月18日，ウラン再転換事業の再開を断念。低レベル放射性廃棄物の保管管理，施設の安全維持管理を行っている。

2　原発促進期の法制度

(1)　電源3法

イ　原発の新規設立を促進するため，いわゆる電源3法（電源開発促進税法・電源開発対策特別会計法・電源開発周辺地域整備法）が制定された。

　「日本海に臨む柏崎刈羽原発は現在7基。出力821万キロワットは世界最大だ。東京ドーム100個分に相当する敷地面積420万平方メートルは，柏崎市と刈羽村の海岸線の多くを占める。1号機が着工した78(昭53)年度から30年余，柏崎市の原発関連収入は，計2,300億円に上り，図書館や体育館，道路が整備された」。「だが，柏崎市の人口はピーク時の95年から10年間で300人減り，65歳以上の高齢化率は27％，交付金は原発の運転年数がかさむにつれて減り続け，老朽化で固定資産税も激減。原発以外の産業は停滞し，市が自由に使える財源はほとんどない」状態となった。

　電源開発促進税は，電力会社が販売する電気に課税される税金で，電力会社は電気料金に加算するから，実際に負担するのは国民である。電源開発促進税は，国の一般会計を経て，エネルギー対策特別会計・電源開発促進勘定に組み入れられ，この勘定から原発の立地自治体や周辺の自治体に「電源立地地域対策交付金」として交付される。2003(平15)年10月の改正まで

は，使い道は公共施設の整備などに限定されていたから，いわゆる「ハコモノ」が次々に建設されたのでる。

　電源立地地域対策交付金は，調査の段階から交付され，着工時には大幅に増大する。原発の運転開始とともに，立地自治体には固定資産税が入る。しかし電源立地地域対策交付金は減らされる。固定資産税も，運転年数の経過とともに課税対象の資産価格が下がるから，減少する。しかも立地・周辺自治体には，交付金によって建設された公共施設の維持管理費が財政を圧迫するのである。これらの自治体が，「自転車操業」のように原発の新設・増設に走るのは当然のなりゆきであろう。しかも一方では，電源立地地域対策交付金には，運転年数が30年を超える原発の立地道県には，原子力発電施設立地地域共生交付金が支給され，さらにプルサーマルを実施する道県には，核燃料サイクル交付金が交付されるというしくみが設けられている（しんぶん赤旗日曜版2011・8・21）。

　1991（平3）年福島第1原発の地元双葉町議会は，原発増設の要望を議決した。双葉町には，原発がすでに2基あるが，30年，40年単位で考えれば，原発のある地域は，新たに原発を作らないと財政的に厳しくなるのである。双葉町は，その後2008（平20）年には福島県で財政状態の最も悪い自治体となっていた。原発は地元自治体にとって麻薬的効果をもつ。もっと作らないとやっていけない原発依存症の自治体を生み出すのである。

　経産省は，原発に40年間に24兆円の予算をつぎ込んでいる。

(2) 原子炉立地審査指針

電源3法と一対をなすのが1964（昭39）年5月27日付原子力委員会決定による「原子炉立地審査指針」である。

イ　原発は，「安全」で「安く」「温暖化対策の切り札」という

第4章　原子力発電の歴史と現状

のが原発安全神話の決め手であった。神話の第1の「安全」は，これまでにもあった数々の事故や「事故隠し」等で疑問視されていたが，米国のスリーマイル事故，ソ連のチェルノブイリ事故とこれに並ぶ福島第1原発の事故により，「安全」ではないことが明らかになった。

　第2の「原発は安い」という「安価神話」も，なにをもって「安い」というのかという比較の対象が明らかでないので，「安い」かどうかの検討は困難であるが，a「火力や水力に比べて発電単価が安い」というのであれば，料金体系や原価計算が示されていない以上，比較のしようがない。b　原発をつくるほうが費用が安いというのであれば，これもまた比較にならない話である。地産地消で原発をかりに消費地に近い東京湾に作るとすると，原発は冷却のために多量の水を必要とするため，湾岸地域（中央区，品川区，港区）に設立せざるをえない。原発の建設には，最低限一定の広さの土地が必要であるから，「土一升金一升」の東京の場合，土地代だけを考えても，原発4～5基分にあたる天文学的数字の予算が必要である。これには目をつぶるとしても，原発は強固な岩盤（新第三紀以前）に直接設置しなければならないから，東京の場合には，1,000メートル近く掘ることになる。しかし，このような心配は無用である。大都市近郊には，原発は法的につくることができないようになっている。

ロ　原発が過疎地にできたことについて決定的な影響を与えているのは，1964(昭39)年5月27日付原子力委員会決定による「原子炉立地審査指針」（一部改訂　平成元年3月27日　原子力安全委員会）である。基本的立地条件として，原子炉はどこに設置されるにしても，事故を起こさないように設計，建設，運転及び保守を行わなければならないことは当然であるが，この

指針は，なお万一の事故に備え，公衆の安全を確保するために，原則的に次のような立地条件が必要であるとしている。① 大きな事故の誘因となるような事象が過去にも将来においてもあるとは考えられないこと。また災害を拡大するような事象も見られないこと。② 原子炉の周囲は，原子炉からある距離の範囲内は非居住区域であること。③ 原子炉からある距離の範囲内であって，非居住区域の外側の地帯は，低人口地帯であること。④ 原子炉敷地は，人口密集地帯からある距離だけ離れていること。

(3) 国内の原発の所在地

現在のわが国の原発は，つぎのような過疎地につくられている。原発の所在地と近隣の都市との距離を記しておくことにする。

泊発電所	～	札幌	68Km	志賀 ～ 金沢	42Km
女川	～	仙台	58Km	敦賀 ～ 福井	40Km
福島第1	～	郡山	60Km	高浜 ～ 京都	62Km
福島第2	～	福島	69Km	大飯 ～ 京都	60Km
東海	～	水戸	16Km	大飯 ～ 大阪	118Km
東海	～	東京	120Km	美浜 ～ 京都	80Km
柏崎刈羽	～	新潟	68Km	伊方 ～ 松山	57Km
柏崎刈羽	～	長岡	21Km	島根 ～ 松江	10Km
浜岡	～	静岡	41Km	玄海 ～ 佐賀	53Km
浜岡	～	浜松	40Km	川内 ～ 鹿児島	48Km

上記の原子力安全委員会の指針は，原発事故の危険性を，専ら「人口調密地帯から避ける」ことを目的としている。したがって地震・津波・台風等の自然災害の発生の確率の高い地域を避けるといった考慮は含まれていない。地震だけを例にとっても科学技術の進歩はめざましいものがあるし，IAEAのストレステストにも「地震，竜巻，猛暑，豪雪」などの自然災害が含まれている。わが国の原発立地指針にも，当然，安全基準の一つとして含まれてしかるべ

きものであろう。

3 原子力発電の廃止と停止

(1) 福島第1原発1号機～4号機の廃止

原発は，全国で54基あったが，福島第1原発の事故をうけ，2012年4月19日，1号機～4号機が廃止されたため，国内の商業用原発数は，50基となった。

(2) 原発の停止

老朽化したり，定期検査に入るために停止したりして，関西電力の大飯原発3，4号機の再稼働が認められなければ，北海道電力泊原発が定期検査に入る5月5日には，国内の50基すべてが停止するといわれていたが，泊原発3号機が予定どおり検査のために停止し，国内の原発稼働はゼロになっている。これは，1970年，当時2基しかなかった原発が検査のために同時停止して以来，42年ぶりのことであるといわれている。

(3) 廃　炉

福島第1原発は，廃止後も当然炉内には使用済み核燃料が残っているため，最終的に廃炉にするためには，少なくとも30～40年はかかるといわれている。商業用原発では，1998年3月に日本原子力発電東海発電所，2009年1月に中部電力浜岡原発1～2号機が営業運転を終え，廃炉作業に入っている。

第❸節　原子力船

(1)　原子力発電所が原子力潜水艦の発電の平和利用であったことからも分かるように、原子炉を動力源とする原子力船の建造が提唱された。高度成長期の初めである1960年代初期の造船業・海運業界では、拡大する貿易量に対処するため、競って船舶の大型化、高速化が図られたが、これに必要な高出力推進機関として在来型の推進機関では消費燃料の増大、石油の国際的需給関係等から、対処することができないとして原子力船の実用化を求める声が起きていた。

わが国でも1963(昭38)年、総理大臣及び運輸大臣によって定められた基本計画にそって日本原子力研究所（現日本原子力研究開発機構）が原子力船の研究開発を進め、その一環として原子力船「むつ」が建造されることになった。

1969(昭44)年6月、石川島播磨重工業東京第2工場において進水式。翌年7月、補助機関のみで定係港（母港）である青森県むつ市の大湊港へ回航。1971年11月原子炉艤装工事完了。翌72年に核燃料装荷。1974(昭49)年8月に出力上昇試験を洋上で行うため出港しようとするが反対する地元住民・漁民の漁船団の包囲網に阻まれて出港できなかった。台風14号によるスキをついて、8月28日に出港したが青森県沖太平洋上（尻屋岬800キロメートル東方）の試験海域で、原子炉の出力を約1.4％上げたとき、放射線漏れの事故を起こした。マスコミは、「原子力船むつ、放射能漏れ」と大きく報道したため、放射線汚染物質が海上に流出したと受け取り、「ホタテ貝などへの汚染の影響を恐れる地元住民達が「むつ」の安全性を疑い、大湊定係港への帰港に反対した。この事故により、実験運航

のスケジュールは大幅に遅れ,「むつ」は, 1980(昭55)年から, 佐世保において放射線遮蔽改修工事及び安全性点検補修工事を実施した。「むつ」は, 1989(昭63)年にむつ市関根浜港を新定係港として活動を再開。1990(平2)年には, 科学技術庁（当時）から使用前検査証, 運輸省から船舶検査証書を交付され, 原子力船として完成し, 1991(平3)年2月に実験航海を開始した。4回にわたる洋上実験航海と岸壁係留状態での実験が行われた。1992年1月には, 所期の目的が達成されたとして, 原子炉を停止。1993年3月原子炉を解体撤去。船体は独立行政法人「海洋研究機構」の「みらい」として運行されることなった。

(2) 原子力(艦)船は, ① 酸素等の吸気を必要としないため, 二酸化炭素や窒素酸化物等の排気を出さない, ② 長期間燃料補給の必要がなく, 原油価格の高騰による影響を受けない, ③ 大型(艦)船の場合には, 燃料の容積と重量が浮く計算になる, といった利点が主張された。

しかし同時に次のような短所をもつ。① 原子力機関の取得コストがディーゼル機関に比べ, 大幅に高額である。② 原子炉の保守, 点検の人件費に大幅なコストがかかり, 燃料の交換や点検時には, (艦)船そのものを休ませなければならない。③ 廃船・廃炉コストが高額である。④ 原子炉に万一事故が起きたときには, 被害が莫大なものになる。(艦)船の乗員, 積荷, 寄港地ないしその周辺都市に与える被害は原発事故を上回るものがあるであろう。寄港地の無防備と核ジャックの脅威を考えただけで, コストのかかる警備体制の整備は不可能に近い。

(3) これらの点から, 軍用船舶以外の民間の商用原子力船は, 経済的にペイしないことが明らかになり, ロシアが, 北極海航路及び主要河川の砕氷による航路維持, 艦船の救援に原子力砕氷船を利用

している以外には，消滅してしまった。

(4) コンテナ船としての原子力船の役割は終わったが，原子力の長所を活かした砕氷船，深海探査船などの特殊用途に利用できないかという研究は続けられている。

第5章
国際社会における原子力発電

第❶節　原子力発電関係の国際機関

1　世界の原発保有国

原発保有国は，2010年現在　世界30カ国・地域で435基となっている。
2007年現在　アメリカ104基，フランス59基，日本55基，ロシア27基，韓国20基，イギリス19基，カナダ18基，ドイツ17基，インド17基，ウクライナ15基，中国11基，スウェーデン10基，スペイン8基，ベルギー7基，台湾6基

2　原子力発電に関する国際機関

(1)　国際放射線防護委員会（ICRP；(International Commission on Radiological Protection)

ICRPは，1928年，ストックホルムで開かれた国際放射線医学会議（ICR）において放射線医学の専門家を中心に創設された民間の団体である。医学分野での放射線の影響が高まったことをうけて「国際X線およびラジウム防護委員会」(International Xray and Radium Protection Commission) として創設されたものであり，X線とラジウムの過剰曝露の危険性に対し，勧告を行ってきた。

1950年にロンドンで開催されたICRにおいて，医学分野以外での使用も考慮する必要があるということから，名称を現在のように改め，放射線医学の専門家以外の専門家として原子力関係の委員も加わるようになった。ICRPに改組されてから，核実験や原子力利用を遂行するにあたり，一般人に対する基準が設けられ，1954年

には暫定線量限度，1958年には線量限度についての勧告が出されている。

しかし被ばく低減の原則については，1954年「可能な最低限のレベルに」(to the lowest possible lebel)，1956年「実行できるだけ低く」(as low as practicable)，1965年「容易に達成できるだけ低く」(as low as readily achiebable)，「経済的および社会的考慮も計算に入れて」，1973年「合理的に達成できるだけ低く」(as low as reasonably achiebable) と後退した勧告となっている。

ICRPの勧告に対しては，民間の放射線物質の健康問題に関連した活動を行っている団体である欧州放射線リスク委員会 (European Commitee on Radiation Risk, ECRR) が，「ICRPのモデルは放射線リスクを過小評価している」と批判的な見解を発表している。

(2) 国際原子力機関 (IAEA)
イ　1953年12月8日，国連総会でアイゼンハワー米国大統領が原子力の平和利用について提唱。1956年2月27日，12カ国による国際原子力機関憲章起草会議が開催され，同年4月18日，憲章が採択された。同年10月26日，日本を含む70カ国が署名し，1957年7月29日発効した。

ロ　IAEAの目的　「国際原子力機関の目的は，世界の平和，健康および繁栄のための原子力の貢献を促進，増大することである。また機関は，その提供した援助がいかなる軍事目的を助長するような方法でも利用されないように確保しなければならない。」

ハ　IAEAの組織　総会，理事会，事務局で構成される。総会は，加盟国の代表者で構成され，通常，年1回開催される。理事会は，1986年現在，35カ国で構成され，13カ国が理事会の指名，他の22カ国が総会で選出される。事務局は，オースト

第1節　原子力発電関係の国際機関

リアのウイーンに置かれている。
- ニ　主な業務　①技術援助，②科学者，技術者の交換および訓練，③核物質が軍事目的に利用されないための保障措置の実施，④核物質，設備等の供与，⑤シンポジウム，パネルの開催，⑥情報の交換促進，⑦基準，協定，規定の作成，⑧研究活動の委任等となっている。
- ホ　IAEAの加盟国は，1999年現在，137カ国であるが，国連の予算制度との調和を図るため，憲章14条Aに定める予算見積りを「年次予算見積り」から「2年ごとの予算見積り」とする改正が行われた。

(3) **経済協力開発機構／原子力機関（OECD/NEA　Nuclear, Energy Agency）**

OECD/NEAは，OECD加盟国政府間の協力により，原子力の平和利用に必要な科学的，技術的及び法的な基盤を発達させることを目的として設置された専門機関であり，わが国も，専門家を派遣している。原子力の安全規制の分野における活動は，常設の原子力施設安全委員会，原子力規制活動委員会，放射線防護及び公衆衛生委員会，放射線廃棄物管理委員会が行っている。

(4) **原子放射線の影響に関する国連科学委員会（UNSCEAR, United Nations Scientific Commitee on the Effects of Atomic Radiation）**

1955年12月の国連総会の決議により設立され，米国，フランス，日本等12カ国の委員で構成されている。この委員会に対する国連総会の付託事項は，①環境における電離放射線と放射能の観測されたレベルに関する報告，②人とその環境に対する電離放射線の影響に関する報告等を評価し，これらを国連総会に報告すること等である。

第5章　国際社会における原子力発電

第❷節　原子力発電に関する国際条約・協定

1　原子力発電の安全基準および原発事故に関する国際条約・協定

(1)　原発事故に関する国際条約は，主要国が原発開発競争を始めた1950年代から，欧州諸国を中心に議論されるようになった。原発事故が起きた際，被災国で裁判が行われ，損害賠償や被災者救済の基準が不統一では困るということから，条約で統一的な基準を作ろうという気運が生まれていたのである。

　イ　最初の条約は，1960年にOECD/NEAが欧州の加盟国中心に採択したパリ条約（加盟国　イギリス，フランス，ドイツ，イタリア，スイス，ベルギー，スペイン，スウェーデン）である。これは，OECD（経済協力開発機構）傘下の国際機関として，原子力発電を安全で環境に調和した経済的なエネルギー源として開発利用することを加盟国政府間の協力によって促進することを目的に設立されたNEA（Nuclear Energy Agency）の主導によって成立したものである。

　ロ　1963年にはIAEA（国際原子力機関）が，東欧，南米を中心とするウイーン条約を採択している。

　ハ　1975年に日，米，欧の原子力供給グループは，原子力関連の技術や機器を輸出する際に，「ロンドン・ガイドライン」と呼ばれる指針を遵守すべき協定を締結している。

　　インドが秘密裏に核開発を進めていたことを契機に原子力供給グループ間の協定が結ばれたわけである。あくまでも紳士協

定であるが,同指針はIAEAの公開文書となっている。
ニ　1979年には,米国ペンシルベニア州のスリーマイル島にある原発の大事故(国際原子力評価尺度レベル5)が発生した。これに対しては国連欧州経済委員会環境大臣会議が開かれ,IAEAが「長距離越境大気汚染防止条約」(ウイーン条約)を締結した(1983年発効)。
ホ　さらに1986年にはソ連(現ウクライナ)のチェルノブイリ原発でレベル7の「深刻な事故」が発生した。しかしソ連は国外に対する賠償を拒み,国際的枠組みは機能しなかった。

　1988年には,「核物質の不法な取得及び使用がもたらす潜在的な危険を回避すること」等を目的として,「核物質の防護に関する条約」が締結されている。
ヘ　IAEAは,旧ソ連,中・東欧諸国における原発の安全問題を背景として1994年に「原子力の安全に関する条約」(原子力安全条約,1986年発効)を採択(1996年6月発効)。さらにチェルノブイリ原発事故を契機に,事故の際の拡大と影響の最小化を目的として「原子力事故の早期通報に関する条約」(早期通報条約),「原子力事故または放射線緊急事態の場合における援助に関する条約」(相互援助条約,1987年発効)が締結されている。またIAEAは,1997年に「使用済み燃料管理および放射性廃棄物管理の安全に関する条約」を採択している。これらの条約は,わが国も批准している。
ト　IAEA(国際原子力機関)は,1997年に「原子力損害の補完的補償に関する条約」(CSC-Convention on Supplementary Compensation for Nuclear Damage)を採択しているが,締約国が米国,アルゼンチン,モロッコ,ルーマニアと少なく,「締約国が5カ国,原子炉熱出力の合計が4億kwとなっているため未発効(日本,中国など大型原発立地国が,あと一国加盟すれば

第5章 国際社会における原子力発電

発効となる)。

チ 原発事故の損害賠償に関する条約は，パリ条約，ウイーン条約，CSCの3つであるが，これらの条約に共通するものは，① 裁判管轄権が事故発生国に限定されること。② 原子力事業者が被告となって責任を負うこと。③ 原子炉メーカーの責任は問われないこと。④ 原発事故の損害による死亡や経済的損失，環境被害や回復費用を対象とすること。⑤ 責任限度額を設定，戦闘行為や内戦，反乱は免責されること。⑥ 核実験による被害は除外されることであり，CSCのみが異常に巨大な天災地変の場合は免責されることとしている。またCSCに加盟すれば，他の2条約の加盟国との間でも適用される。

(2) 原発事故の損害賠償訴訟を事故発生国で行うことを定めた国際条約は，国際原子力機関が採択した「原子力損害の補完的補償に関する条約（CSC）など3つある。日本は米国からCSC加盟を要請されて検討したが，日本では事故は起きない「安全神話」を前提とする一方，近隣国の事故で日本に被害が及ぶ場合を想定し，加盟を見送ってきた。

このため福島第1原発の事故で海に流れた汚染水が他国の漁業に被害を与えたり，津波で流された大量のがれきに放射性物質が付着した状態で他国に流れ着いたりして被害者から提訴されれば，原告の国で裁判が行われる。賠償金の算定基準もその国の基準が採用され，賠償額が膨らむ可能性がある。

(3) 以上にみてきたように，原発事故に関する国際条約・協定は，事故を防止するための原発の安全基準の強化と事故が発生したときの損害賠償の基準を定めるという機能をもつものである。

なお原発事故に関する国際条約でわが国が批准しているものは，次のとおりである。

① 原子力事故の早期通報に関する条約　1987(昭62)年（条9号）。
② 原子力事故又は放射線緊急事態の場合における援助に関する条約　1987(昭62)年（条10号）。
③ 核物質の防護に関する条約　1988(昭63)年（条6号）。
④ 原子力の平和利用に関する協力のための日米協定　1988(昭63)年（条5号）。
⑤ 原子力の安全に関する条約　1996(平8)年（条11号）。

2　汚染水・汚染物質・廃棄物の処理

(1)　汚染水の海洋投棄と国際法

イ　福島第1原発の事故の際に汚染水を海に放出した措置は，国際法上如何なる評価をうけるのかが問題となる。これは「高濃度の放射能汚染水の保管場所を確保するため，相対的に汚染度の低い汚染水を海に放出したものである」と説明されている。

ロ　2011年4月4日，東電は，「集中廃棄物処理施設にたまっている低レベルの滞留水（約1万トン）と，5号機および6号機のサブドレンピットに保管されている低レベルの地下水（延べ1,500トン）を原子炉等規制法第64条1項に基づく措置として」海洋に放出する旨発表。また5号機および6号機の地下水については，放水口を経由して放出が実施され，4月10日までに，それぞれ約9,070トンと約1,323トンの汚染水が海洋に放出されたと公表した。

ハ　（読売新聞2011・10・29）によれば，フランス放射線防護原子力安全研究所（IRSN）は，東電と文科省の観測データをもとに計算した結果として，10月28日までに福島第1原発事故で海洋に流失した放射性物質セシウム137の総量は2万7,000テラ・ベクレル（テラは1兆倍）に上ると推計する試算を発表した。過去に経験したことのない海洋流出になると指摘している。海

洋汚染は3月21日以降顕著になり，総出量の82％が4月8日までに流出したとしている。この試算によると東電公表の20倍の数値になる。

二　国際法における海洋汚染の規制

a　福島第1原発事故で海に流出した放射性セシウム137は，黒潮に乗って東に拡散した後，北太平洋を時計回りに循環し，20～30年かけて日本沿岸に戻るとの予測を気象研究所の研究官と電力中央研究所の研究チームがまとめ，日本地球化学会で発表する。直接海に出たセシウム137は，2011年5月末までに3,500テラベクレル（テラは1兆）と試算した。ほかに大気中に放出された後，海に落ちた量が1万3,500テラベクレル。過去の核実験で北太平洋に残留している量の10数％に当たるという（共同通信11・9・14）。

b　福島第1原発事故　海の放射性物質調査　精度を1万倍上げて行う。7月末，原発から30km東の地点

　　　　セシウム134　1リットル当たり0.39ベクレル
　　　　セシウム137　1リットル当たり0.51ベクレル

事故前の200～400倍だが，飲料水で定めた国の暫定基準値の200分の1程度

60キロ東　セシウム134　1リットル当たり0.061ベクレル
　　　　　セシウム137　1リットル当たり0.0092ベクレル

(毎日新聞2011・9・12)

c　国際的な海洋法秩序の枠組みをなすものとしては，「海洋法に関する国際連合条約」があるが，地震・津波により発生した原発事故に由来する汚染水の海洋投棄に関する規定はない。海洋汚染に関する国際法上の規制としては，①船舶起因海上汚染，②陸上の活動によって生じる陸上起因海洋汚染，③陸上で生じた廃棄物等の海洋への投棄（海洋投棄起因海上汚染）がこれまでに問題になっているだけである。

第2節　原子力発電に関する国際条約・協定

(2) ロンドン条約（海洋投棄規制条約）

1972年国際海事機関（IMO）が策定した海洋投棄に関する条約（1975年発効）

化学物質や放射性廃棄物などの海洋投棄を規制するため1972年に採択。1975年に発効した。放射性廃棄物の投棄は、IAEAが作った高レベルの基準を超えれば禁じられたが、1993年の条約改正で低レベルを含め、全面禁止となった。地上での処理が人の健康に危険をもたらすなど、他に解決策がない深刻な事態では例外を認める「緊急条項」がある。

放射性廃棄物などの海洋投棄を禁じるロンドン条約の策定が進んでいた1972年、米国政府が廃炉後の原子炉を海洋投棄するための例外規定を条約に盛り込むことを目指し、日本政府に極秘に協力要請していたことが、外務省の外交記録文書で明らかになった。当時、米国では初期の試験用原子炉の解体が始まってしたが、その後に想定される大型の商業用原子炉処分方法は決まっていなかった。廃炉の処理法を確立せずに原発建設を進め、海洋投棄を検討せざるをえなかったのである。米国は、原子炉投棄の意図を隠したまま、「地上での処理は住民の反対が必至で、放射能汚染の危険性を皆無にする程度まで科学的処理を行うのは経済的に困難」とする米国内の実情を説明し、「結局、海に投棄する以外にないと考えられる」とし、「是非とも（例外を認める）緊急条項を設ける必要がある」と述べた。結局、米国は海洋投棄の狙いを隠して国際交渉を進め、地上での処理が人の健康に危険をもたらす場合に、例外的に投棄を認める「緊急条項」規定を盛り込むことを全体会議に提案し、受け入れられた。

1970年代初めは、海洋汚染が国際問題化し、条約採択にむけ、各国間で協議が行われていた。条約は、海洋投棄を禁じる廃棄物に水銀やカドミウムなどと共に高レベル放射性廃棄物を指定。

1993年の条約改正で放射性廃棄物の海洋投棄は全面禁止された

が，緊急条項は残り，関係国やIAEAと合意すれば，条約上は投棄は可能。IAEAによれば，米国は1970年以降，放射性廃棄物を海洋投棄しておらず，廃炉後の原子炉は埋没しているという。

　日本は1980年に条約を批准し，2007年に議定書に加入している。同条約および議定書により，廃棄物等の海洋投棄は，原則として禁止され，例外的に厳格な条件の下に許可により投棄が可能なものが列挙されている。しかし同条約および議定書による「投棄」とは，「船舶，航空機又はプラットフォームその他の人口海洋構築物」からの処分とされているので，福島原発事故の場合のように陸上からの放射性廃棄物の海水への放出は，禁止の対象外というべきであろう。

第6章
原発事故の
労働関係上の諸問題

第❶節　原発事故復旧作業と労働関係

1　原発事故復旧作業の実態

(1)　まず原発事故復旧作業の実態を明らかにするため，雑誌記事および新聞記事を引用しておこう。

　イ　電源復旧やがれき撤去に数百人の作業員が従事している。欧米のメディアは「フクシマの英雄」と賞賛しているが，東電の社員だけではなく，多くの下請会社の社員が働いている。「原発はもはや協力（下請）会社なしには回らない。商業用原発の作業員のうち，電力会社の社員は1万人弱，下請労働者は7万5千人（2009年度，原子力安全・保安院）。」「福島第1でも1,100人強の社員に対し，下請労働者は9千人を超える。元請は，原子炉建設を担った日立，東芝，関電工と名だたる大企業だが，「実際に作業員を送りこんでいるのは7次，8次の下請会社であることもザラ」という（『東洋経済』2011・5・12号）。

　ロ　福島第1原発でゼネコン各社が奮闘している。東電の要請を受け，放水作業に必要だった原発敷地内のがれき撤去などを実施。「想像をはるかに超える緊張感と不安感」（現地作業担当者）と闘いながら作業を進めている。

　　一部のゼネコンは初期の段階から現地で復旧作業を支援。水素爆発などで飛散した原子炉建屋のがれきの撤去や整地，燃料の運搬を担い，使用済み燃料プールへの放水を行う自衛隊や東京消防庁の車両が建屋に接近できるようにし，電話の復旧作業ができるよう環境を整えた。大成建設では，社員15人と作業

第6章　原発事故の労働関係上の諸問題

員100人が現地で対応している。昨年,集中豪雨に見舞われた鹿児島県南大隅町の土石流撤去で活躍した無人化施行の設備一式を東京経由で搬送。ハザマも初期段階から支援を行っている。鹿島は現地から20キロ以上離れた施設に同社と協力会社から約50人を待機させる。内10人は無人化施行のオペレーターで東電の指揮下に入り,飛散した建屋のがれき撤去などの作業にあたる。西松建設は防護服など安全対策を整え,依頼に応ずる方針。ゼネコン各社には,東電から原発近郊にある東電の大型資材置き場と原発の間のドライバーを含めた輸送手段の確保の依頼も来ている。コンクリート圧送ポンプ車を現地に送るなど危機的状況からの脱出に向けて建設業界も総力戦の様相だ。

　これらは,東電の要請を受けての原発の復旧作業であり,原発敷地内の土壌から半減期が長いプルトニウムが検出されるなど厳しい環境の中での作業である。もちろん「作業員へ参加の意思の確認を行った」上でのことであるが,下請・孫請企業は,社員は「赤紙がきた」,下請・孫請は「断われねーよな」,「石棺事業受諾を有利に進める人柱」,「要請があれば断れない」「断ったら二度と仕事を回してもらえなくなる。」などと本音ももらしているという（日刊工業新聞2011・3・23）。

(2)　原発事故の収束作業に当たった作業員は,事故直後の3月21日現在で2,894人,そのうち東電社員は374人,大半は協力会社の社員とその下請の作業員であった。その中心は1号機（米GE社製）と4号機（日立製）を担当する原子炉メーカーの日立GEニュークリア・エナジーと,2・3・5・6号機を納入した東芝（2・6号機はGEと連合）。両社で千人近くにのぼり,日立GEは,半数が本社とグループ企業,残りが下請の従業員,東芝も同様の構成である。日立GEによると,最初は混乱していたため,東電の指示を

待たずに外部電源の引込みなど独自の判断で作業に当たったという。高線量のがれきを移動させる無人重機の遠隔操作は大成建設が主体，建屋カバーは，清水建設，日立GE，鹿島などが担当。東芝グループは東電工業，東電環境エンジニアリング，東京エネレスが中核。3月18日に高圧放水車で放水したのも東電工業の社員2名であった。

原発の仕事はもともと系列会社が連なる請負構造。清水福島大副学長（地方財政論）が2001年に東電から入手した資料では，当時，福島第1原発では，東電以外に①元請29，②1次下請169，③2次下請288，④3次下請116，⑤4次以下下請6，計619社，計7,108人が従事していたという。

(3) 愛知県の人材派遣会社が3月末に行った現地作業員の募集は，「時間単価の魅力，現場作業員の引き合いは多い」ことから，締切りを待たずに，はやばやと定員（10人）に達したという。募集要領は，〈勤務地 福島県，仕事内容「原子力発電所の清掃，修復工事の援助」，防護服や保護具などを身につけ，1日3時間ほどの作業」，「勤務時間 午前8時から午後5時のうち3時間程度で，不定休ながら時給は1万円と高額」，「学歴，経験，資格は一切不問」〉というものであった。

日雇い労働者が集まる大阪西成あいりん地区での3月17日頃の求人広告によれば，「勤務地 宮城県女川町，10トンのダンプ運転手，日当1万2千円，30日間」とあったが，求人と違い，実は福島第1原発での「原発ガラだし」であったという。派遣会社の「熱い呼びかけとハードルの低さ」が目立つのも原発復旧作業の特色の一つである。

なお，原発事故の時，3号機で被ばくしたのは，関電工の社員2名と協力会社の6名，孫請会社の1名であったという。

(4) 「作業員の防護服を公開　気密性高く熱中症数人」。「全面マスク，ゴム手袋，靴下をはいて全身を覆い，放射性物質を通さないようにしているのがよく分かる」。「マスクの両端には活性炭入りのフィルターがあり，空気を吸い込むとき放射性物質を吸着させ，体内に取り込まないようにしている。」(朝日新聞2011・5・28)。

「防護服にマスク『サウナ状態』　暫くするとマスクには数センチの汗がたまり，熱中症で倒れた人がたくさんいる」。「途中で苦しくなったらしゃがんで落ちついて深呼吸をしろ」といわれた。溶接の仕事。防護服を着てマスクをしていたら，曇って見えないので仕事にならない。結局，マスクを外す。放射能を浴びた(毎日新聞2011・5・14)。

玄海1号基の定期検査　「仕事はパイプの取り付けや点検」。「アラームメーターとかの必需品はもって入った」。「アラームメーターが鳴ったって，別に痛くも痒くもないんだからどうということは」ない。「全面マスクをつけて入るんだが，苦しい上に，原子炉内は熱いので」「しょっちゅうマスクをはずして仕事をして」いた(樋口健二『闇に消される原発被曝者』83頁)。

(5) 原発事故の復旧にあたる作業員の死傷者数については，これまでのところ公式発表はないが，東電の4月1日付け「福島第1原子力発電所プラント状況のお知らせ」では，「負傷者等」につき，「当社社員2名が現場において，所在不明。3月24日，3号機タービン建屋1階および地下において，ケーブル施設作業を行っていた協力会社作業員3名について約170mSv以上の線量を確認。そのうちの2名について，両足の皮膚に汚染を確認し，除染を行ったものの，ベータ線熱傷の可能性があると判断したことから，福島県立医科大学附属病院へ搬送しました。また3月25日，残り1名も福島県立医科大学附属病院に移動し，その後千葉県にある放射線医学綜

合研究所に計3名が入院し，3月28日退院しました。」となっている。

2　原発の作業と労働関係

(1)　恒常的に行われる原発の新設・点検の作業も原発事故の復旧作業と同じように，電力会社の社員，協力会社の社員とその下請・孫請等の系列会社の作業員によって行われている。これまでは原発の新設・増設が各地で経常的に行われたため，「原発ジプシー」とか「原発渡り鳥」，あるいは「転々労働者」と呼ばれる労働者が生み出されてきたのである。また電力会社は，原発の新設のときだけではなく，平常時のメンテナンスも協力会社に委託している。震災前の福島第1原発では，1日平均6,000人の作業員が出入りしていたが，このうち東電の社員は2割にも満たない1,100人で，残りは原子炉メーカーや電気設備工事会社から派遣された作業員であったという。

(2)　事故当初から原発にとどまり，原子炉メーカーとして継続して復旧作業の中心を担ってきた日立製作所グループの現場責任者2名（「日立GEニュークリア・エナジー」の所長と「日立プラントテクノロジー」の工場長）が取材に応じ，作業の現場や爆発に遭遇したときの様子を語った。

　作業は，現在，水素爆発を起こした1号機の原子炉建屋から放射性ガスを抜き取る装置の設置準備に入っている。「放射線量が高い原子炉建屋内での作業は被ばく対策が最大の課題になっている」。日立グループは，第1原発の作業での放射線量の基準を年間累積で30ミリシーベルトと定め，国の基準の50ミリシーベルトより厳しくしている。基準を超えた作業員は仕事を続けられない。原子炉建屋内には毎時1シーベルト（1千ミリシーベルト）を超える場所も

ある。対策なしでは，急性放射線障害を発症するとされる水準である。こうした場所は「ホットスポット」と呼ばれ，線量を厳密に調査した上で作業に入っており，約5分しかいられない所もある。鋼などで作った「遮蔽体」を置くなど工夫をしているという。

日立グループは原発から20数キロの福島県広野町の旅館に拠点を置いている。(朝日新聞2011・10・4)。

(3) 以上の新聞雑誌の情報から，緊急事態である原発事故の復旧作業だけでなく，定期検査の作業においても，なによりも大切な作業員の安全確保のルールが，「仕事のやりやすさ」のため，必ずしも厳格には遵守されていない場合が皆無ではなかったことが分る。

3 多数当事者の労働関係

(1) 原発での作業は，事業者と協力会社・下請・孫請会社等とその従業員によって行われているが，次のような特色を有する。

① 事業者と協力会社・下請・孫請会社等との契約関係は，多くの場合，請負・委託の契約関係である。しかし作業の場所は，原発の敷地内にある建物であって，事業者である電力会社が排他的な支配権をもつ。

② 事業者は，協力会社・下請・孫請会社等とともに労基法，労安法等の特別法上の安全・健康・職場環境配慮義務（とくに対放射線の安全基準）を負う（共有ないし共同責任）。

③ 事業者・協力会社・下請・孫請会社等は，それぞれの従業員と労働の提供と報酬の支払という契約関係を有し，従属労働関係がみられるかぎり，労働契約関係を有する。

④ 事業者・協力会社・下請・孫請会社等は，それぞれの原発復旧作業員に対する安全・健康・職場環境配慮義務を共有することから，労災事故に対する民事損害賠償責任をも共有するとい

うべきである。

　以上は，巨大な造船やビルの建設，公共事業等においてもみられることであるが，原発事故の場合には，従業員との関係での安全衛生，労災補償，損害賠償等の問題だけではなく，地域住民を巻き込んでこれまでの公害以上の問題が提起されているのが特徴的である。これらの問題については，次節以下において分説する。

(2)　福島第1原発の作業場では，事業者である東電の社員や協力会社・下請・孫請会社等の作業員が混在して働いている。これらの人達の労働関係法上の性格を分析する視角は，次のとおりである。
① 　作業員の使用者である事業者・協力会社・下請・孫請会社等がどのような法的関係にあるのか。使用者相互の法的むすび付き（契約関係の性格）を明らかにすること。殆どは委任・請負である。
② 　これらの委任・請負の履行には，いずれも労働者の労働を利用し，その成果を提供することが含まれている。
③ 　事業者・協力会社・下請・孫請会社等の労働者に対する関係での労働(力)の利用関係には，労働保護法等の特別法が適用される。
④ 　対使用者相互の契約関係がいかなるものであれ，労働者の労働(力)の利用は，対労働者との関係では労働契約関係とならざるをえない。

第6章　原発事故の労働関係上の諸問題

第❷節　原発事故と労働安全衛生法

1　原子力発電所の作業員に対する労働安全衛生上の規制

(1)　原子力発電の開始に合わせ，1957(昭32)年6月10日には「放射性同位元素等による放射線障害の防止に関する法律」，同年6月17日には「核原料物質，核燃料物質及び原子炉の規制に関する法律」(原子炉等規制法) が制定された。さらに1999(平11)年12月17日には，原子力災害対策特別措置法，2000(平12)年6月7日には，「発電用原子炉の運転によって生じた使用済み燃料の再処理等を行った後に生ずる特定放射性廃棄物の最終処分を計画的かつ確実に実施させるために必要な措置等を講ずる」ことを目的として「特定放射性廃棄物の最終処分に関する法律」が制定されている。

(2)　以上の特別法のほか，労働安全衛生法に基づく委任省令としての「電離放射線障害等防止規則」や「原子炉等規制法」に基づく「告示」による被ばく線量の上限規制により，原発作業員の放射線区域内の労働は，緊急時を除き，通常時は年間50ミリシーベルト，5年間で100ミリシーベルト以内と定められた。ただし女性は3カ月でこの20分の1の5ミリシーベルトに抑えられている。

厚生労働省は，原発事故を受けて，2011年4月27日，通常時は年間50ミリシーベルトと定めている原発作業員の被ばく線量の上限を当面の間，撤廃する方針を固めた。ただし5年間で100ミリシーベルトの基準は維持する。原発作業に従事できるのは全国で7万人余りしかいない。各地から福島原発への派遣が相次ぐ中，規定

の被ばく線量を超えると，ほかの原発の保守や定期点検に支障が出かねないとして，経産省が厚生労働省に特例的な措置を要求していたものである。

緊急時の上限の引き上げは事態を処理するという必要性からやむをえないとしても，「50ミリシーベルトを超えると，ほかの原発で働くことができなくなるため」というのは安全衛生規則の趣旨からして疑問である。しかし被ばく上限があるから，これ以上作業はできないというのも，国をあげて災害復旧にとりくんでいる社会的状況からすれば困難であろう。被ばく量が増えると当然労災補償の問題にも影響が出てくる。国内の被ばく線量の基準を検討する文科省の放射線審議会基本部会は，10月6日，福島第1原発による住民の被ばく線量の当面の目標について，ICRPの勧告（註）である「年間10〜20ミリシーベルト」を採用する方針を固めた。(朝日新聞2011・10・7) 同審議会は，ICRPの勧告を国内の法制度にどのように適用するかを整理するための議論をしていたわけで，地域の放射線量に応じ，各自治体が5ミリとか10ミリとか具体的な目標を定めることも有効としている。

（註）ICRPは，日本政府の被ばく限度量（一般人：年間1ミリシーベルト）の引き上げを勧告。また「原発事故が収束した後も，原発周辺地域に汚染が残る場合でも，汚染地域の住民が移住しないでもいいよう，限度量を1〜20ミリシーベルトの範囲で設定し，長期的に1ミリシーベルトの目標にすることを提案した。「緊急事態と汚染が拡がる地域の将来を考える一助にしてほしい」と日本政府の配慮を求めている。

ICRPの勧告は，「年間10〜20ミリシーベルト」の間でできるかぎり低い値を目標にするように求め，最終的には1ミリシーベルトを目標とすべきとしているわけであるから，避難区域の基準値や校庭使用の基準値，食品の基準値など合理性をもった統一的な基準値であれば，やむをえないともいえるが，原発の放射線区域内の作業でさえ，母性

保護のために女性は3カ月で5ミリシーベルトとされていることとのバランスからみれば，一考を要する問題である。

2 事業者・協力会社・関係下請会社（孫請会社）の安全衛生管理義務

（1） 原発に関わる労働安全衛生上の特別法や労働安全衛生法は，いずれも事業者に所定の安全衛生管理義務を負わせている。しかし前節で見てきたように，原発施設内の作業現場においては，協力会社・関係下請会社（孫請会社）等の労働者が混在して作業を行っている。したがって原発事故の法的諸問題を解明するにあたっては，① 原発施設内の混在作業における事業者・協力会社・関係下請会社等の経営組織上の関係，② これらの錯綜した雇用・就業形態における労働者とその使用者との関係，及び ③ 協力会社・関係下請会社（孫請会社）等が，それぞれ，または連帯して負う安全衛生管理義務との関係を明らかにしておくことが必要である。

（2） イ 一般に，商法上の関係会社・子会社とは別個に，特定の企業の取引先を広く協力会社とよんでいるが，実定法上，定まった概念ないし定義があるわけではない。ここでも慣例に従い，事業者の構内で事業者のために請負等により作業を行っている企業を協力会社と呼ぶことにする。

ロ 特定の事業を遂行するために，仕事の発注者がいるが，発注者のうち，その仕事を他の者から請負わないで注文している者を発注者といい（労安法30条2項），仕事を他人に請負わせている者を注文者という（労安法3条，15条）。

ハ したがって法的関係としては，① 請負契約に基づき，仕事の成果に対して報酬を支払う注文者と，② 発注者から仕事を請負う元請事業者と，③ 元請事業者以外の関係請負人（孫請

第2節　原発事故と労働安全衛生法

等）がいることになる。

(3)　1972(昭47)年，労基法5章「安全及び衛生」に代わって制定された労安法は，15条において，「元方事業者」，「特定元方事業者」の概念を採用し，一つの場所で行われる事業の請負が下請関係にあるとき，上位にあるものを元方事業者といい，元方事業者のうち，建設業その他政令で定める業種（現在は造船業が指定されている）に属する事業を行う者を特定元方事業者ということにしている。

(4)　イ　元方事業者　　一の場所において行う事業に仕事の一部を請け負わせている者を元方事業者という。仕事の一部を請け負わせる契約が複数ある場合には，最も先次の請負契約における注文者とする（労安法15条）。
ロ　特定元方事業者　　元方事業者のうち，建設業または造船業（特定事業）に属する事業を行う者を特定元方事業者という（労安法15条）。
ハ　関係請負人　　元方事業者の当該事業の仕事が数次の請負契約によって行れるときは，当該請負人の請負契約の数次のすべての請負契約の当事者である請負人を関係請負人という（労安法15条）。

(5)　「一の場所（または同一の場所）の範囲　　請負契約関係にある数個の事業によって仕事が相関連して混在的に行われる作業場ごとに「一の場所」として取り扱われるのが原則であるが，具体的には，労働者の作業の混在性等を考慮して，労安法の趣旨に則し，目的論的見地から定められる。（昭47・9・18基発602号）。

(6)　イ　2006(平18)年，労安法の改正により，①製造業その他政令で定める業種の元方事業者が，その労働者及び関係請負人の労働者の作業が同一の場所において行われることによって生

ずる労働災害を防止するため，作業間の連絡・調整その他必要な措置を講ずべき義務（30条の2），②化学物質，化学物質を含有する製剤その他の物質を製造し，又は取り扱う設備で政令で定めるものの改造その他の厚生労働省令で定める作業に係る仕事の注文者が，当該仕事に係る請負人の労働者の労働災害を防止するため必要な措置を講ずべき義務（31条の2），③請負人の講ずべき措置（32条）が定められた。

ロ　この改正に伴い，製造業（造船業を除く）における元方事業者による総合的な安全衛生管理のための指針（平18・8・1基発0801010号）が定められている。

ハ　また労働安全衛生規則の改正により，①救命用具等の整備義務（633条，634条），②元方事業者に関する特別規制（643条の2～3）等が定められている。

3　事業者の健康管理義務

(1)　労安法は，第4章「労働者の危険又は健康障害を防止するための措置」において，

①「事業者」の講ずべき措置（第20条～28条の2），②「元方事業者の講ずべき措置（第29条，29条の2），③特定元方事業者等の講ずべき措置（第30条，30条の2, 3），④注文者の講ずべき措置（第31条，31条の1～3）を定めている。

(2)　なお非破壊検査の業務に従事する労働者については，電離放射線によって被ばくするおそれがあることから，昭35年に「電離放射線障害防止規則」が制定され，警戒区域の設定，健康診断の実施等が規定されている。

(3)　ILOは，1960(昭35)年に電離放射線からの労働者の保護に関する条約（115号），同年，放射線防護勧告（115号）を採択している。

4 原発作業員の長期健康管理

(1) 原子力災害対策本部は，2011(平23)年5月27日，「原子力被害者への対応に関する当面の取り組み方針」を取りまとめ，「安全や環境に及ぼす影響や作業環境に配慮しながら，一刻も早い事態収束に取り組む」が，特に作業員の長期的な健康管理のため，「緊急作業に従事した全ての作業員の離職後を含めて長期的な健康管理を行うこと」等が示された。こうした状況を踏まえ，厚生労働省は，同年6月，「東電福島第1原発作業員の長期健康管理に関する検討会」を設置し，①データベースを構築するに当たっての必要な項目，②健康診断等，離職後も含めた長期的な健康管理の在り方等について検討を行い，報告書が提出された。

同報告書によれば，①緊急作業に従事した労働者が，離職後も含め，自らの健康状態を経年的に把握し，必要な健康相談や保険指導等を受け，適切な健康管理を行うことができるよう，データベースは，被ばく線量以外にも健康状態に関する情報等を登録できるとともに，労働者本人が自らの情報を参照できる仕組みとする。②緊急作業に従事したことによる健康への不安を抱えていること，被ばく線量の増加に応じて健康障害の発生リスクが高まることから，一定の被ばく線量を超えた労働者に対しては，原則として事業者が被ばく線量に応じた検査等を実施することが適当であることを指摘している。

(2) 本章第1節(1)で述べたように，「恒常的に行われる原発の新設・点検の作業も原発事故の復旧作業と同じように，電力会社の社員，協力会社の社員とその下請・孫請等の系列会社の作業員によって行われている。これまでは原発の新設・増設が各地で経常的に行われたため，「原発ジプシー」とか「原発渡り鳥」，あるいは「転々

第6章　原発事故の労働関係上の諸問題

労働者」などと呼ばれる労働者が生み出されてきた。また電力会社は，原発の新設のときだけではなく，平常時のメンテナンスも協力会社に委託している。

　新聞報道（毎日新聞2011・7・26）によれば，厚生労働省は27日，過去35年間にがんを発症して労災認定を受けた原作業員が10人であることを公表した。労災認定された10人のうち白血病が6人，累積被ばく線量は129.8ミリシーベルト～5.2ミリシーベルト。このほか多発性骨髄腫が2人，悪性リンパ腫も2人。それぞれ99.8，78.9ミリシーベルトであった。中電浜岡原発の作業員S（当時29歳）は，91年に白血病で亡くなったが，下請で原子炉内の計測器の保守点検をしており，8年10カ月も働いていたにも拘わらず，累積被ばく線量は50.63ミリシーベルトであったという。死亡の半年後に戻ってきた放射線管理手帳は，赤字や印鑑で30箇所以上もばく線量が訂正されていた。白血病と診断された後も被ばくの可能性のある作業に従事可能なこを示す印がおされ，入院中に安全教育を受けたことになっていた。がん以外の場合には，認定自体に高いハードルがある。福岡市の元溶接工（76歳）は，1979年2月～6月に中電島根原発と日本原子力発電敦賀原発で働いた。その後鼻血が出るなどの症状が現れ，慢性的な倦怠感，2000年心筋梗塞で倒れ，労災を申請したが認められなかった。累積被ばく線量は8.6ミリシーベルト，再審査請求，とある。

　厚生労働省の認定基準事態が必ずしも明確ではないが，原発作業員の長期の健康管理が労災補償に活かされることが望まれる。

5 労災隠し（隠された事故）

(1) 過去の話であるが，原発においても「労災隠し」がなかったわけではないので記録にとどめておこう。

1989年1月6日，福島第2原発3号機が手動で止められた。原子炉の冷却水再循環ポンプ内部に最大30キロの重さの金属片が落下し，それらが原子炉内に流入するという事故が発生した。東電は，この事故を正月の間，隠し続け，異常を示す警報を鳴りっぱなしにし，7時間も原子炉を稼働していた。事故は→本社→通産エネルギー庁→福島県に伝えられ，最後に地元の富岡町に伝えられた。県や町は原発事故に対してなんの権限もないことが露呈した。国は電力会社の役員を呼びつけ，マスコミの前で陳謝させるだけで，事故を教訓として防止策を考えようとすることにはならなかった。すべてが電力会社に任され，県も地元も，原発に対して，口出しする権限がないことが明らかになった。

(2) もう一つ。過去のしかも解散して現在は存在しない会社の話を紹介しておこう。

1999年9月30日，核燃料加工会社JCOで，濃縮ウラン溶液の加工中，中性子線などの放射線が放出され続ける臨界状態となる事故が発生。作業員である社員2名が死亡。近隣の住民660人が被ばくした。通報が遅れ，国の対応も後手にまわり批判を浴びた。違法操業が原因だとしてJCOと事業所元幹部ら6人が業務上過失致死傷罪などで起訴され，2003年に有罪が確定している。

JCOの臨界事故の問題は，燃料の加工工程において作業の手順を省くため，国の管理規定に沿った正規の「マニュアル」ではなく，「裏マニュアル」が使用されていたことである。例えば原料であるウラン混合物の粉末を溶解する工程で，マニュアルでは，「溶解塔」

という装置を使用する手順になっているが,「裏マニュアル」では,ステンレス製バケツを用いる手順に改編されていた。最終工程である製品の均質化作業では,臨界状態にいたらないようにするため,形状制限がなされた容器（貯塔）を使用するところを,作業の効率化を図るため,別の背丈が低く,内径の広い冷却水のジャケットに包まれた容器（沈殿槽）に変更していたという。

(3) 業務災害が発生した場合 所轄官庁への報告届出をしないと,メリット制により将来の労災保険料の負担が増加する。しかし①元請に迷惑をかける,②元請が押しつける,③イメージの低下,④入札の指名停止などの理由から,労災の発生を秘匿することがある。

秘匿に対しては,労災保険法には罰則の規定がない。労安法には,休業がない災害については監督署への報告義務がない。労災保険法上の災害でも,労災保険を使わず,労働者が自費で支払をしたり,使用者のポケットマネーで治療を行うことも違法ではない。また労災保険法上の災害であっても,労災の治療費,休業補償を請求しないことも違法ではない。

(4) しかし労安法100条（報告等）1項「厚生労働大臣,都道府県労働局長又は労働基準監督署長は,この法律を施行するため必要と認めるときは,厚生労働省令で定めるところにより事業者,労働者,機械等貸与者建築物貸与者又はコンサルタントに対し,必要な事項を報告させ,又は出頭を命ずることができる。」。労安規則97条（労働者死傷病報告）により,報告が義務づけられ,労安法120条5号により,「報告をせず,若しくは虚偽の報告をし,又は出頭しなかった者」は50万円以下の罰金刑に処せられる旨の規定。及び労安法122条（両罰規定50万円以下の罰金）が定められている。

6 ストレステスト

佐賀県玄海町の町長は，7月4日，政府の意向に沿って玄海原発2，3号機の再稼働を了承する旨，九電側に伝えた。政府が6日，全ての原発につきストレステスト（耐性検査）を行う方針を表明したことを受けて，7日，町議会は，原子力安全対策特別委員会を開き，撤回を九電側に伝えた。（読売新聞 2011・7・7）

「海江田経産相は，6日，原発の安全性について国民各層の理解を得るため，福島原発事故を踏まえ，EU加盟国が6月から実施している安全裕度の検査（ストレステスト）を国内の54基すべてで実施すると発表した。福島原第1原発事故のような想定を超える地震・津波に原子炉がどこまで耐えるか評価し，プラントごとに安全上の裕度を示すことが狙い」という（電気新聞 2011・7・7）。海江田経産相は，テストが終わらない限り「再稼働がないということはない」と述べ，原発の再稼働の問題とは直接関係がないとしているが，立地自治体の受け止めは不透明である。

ストレステストは，「安全性評価」（朝日新聞），「耐性検査」（読売新聞），「原発耐性試験」（毎日新聞），「安全検査」（時事新聞）などと訳されているが，自然災害や不測の事故が発生した場合に生じる負荷（ストレス）に原発がどれだけ耐えられるかという安全性の裕度を調べることをいう。EUエネルギー担当相理事会は，3月21日，ストレステストの実施方法や時期について協議するため，緊急理事会を開催したが，合意にいたらず，①原子力エネルギーについて意見が分かれているため，EU指定のテストを義務づけることは困難，②核政策に対する責任は，依然，各国に委ねられていることを前提として，EU共通の安全基準の採用を呼びかけるとともに，今年中にストレステストを実施したいと述べている。EUは，2011年6月から，域内14カ国，143基の原発を対象にストレステスト

第6章　原発事故の労働関係上の諸問題

を始めた。

　原発推進の是非をめぐり，加盟国の政策の違いは大きい。しかし国境が地続きの欧州では，原発の事故が起きれば，複数の国に放射性物質が飛散するおそれはある。地震，竜巻，猛暑，豪雪などの自然災害のほか，原発付近の航空機事故や爆発など「予測不可能な事態が発生しうる」（テロ行為は除外）こと，「二つの自然災害が同時に発生し，電力供給システムを破壊することもありうる」ことを念頭においた原発の審査をすることとし，3段階からなるテストは，2011年6月1日から開始された。

　テストのやり方は次のようなものである。
① 運営事業者が質問書に回答し，これを各国の規制当局が検査。
② 各国がまとめたレポートを，他国の規制当局や欧州当局者が評価。
③ 最終報告は，2012年4月までに公表される。同審査に合格しなかった際の措置は，EU加盟国によって決定される。

　日本の原発規制は，これまでプラントの安全性について一定の基準を設け，それをクリアしたものを「安全」と評価していたが，EUのストレステストはプラントが安全基準を満たしているという前提の下に想定を超える自然災害や不測の事態にどこまで耐性があるかを確認するものが期待されているのである。つまり安全かどうかではなく，安全上の「裕度」がどれだけ確保されているかを評価しようとする点が従来の規制と異なる。

　テストは，2段階あり，例えば地震については，1次評価は，①設計上耐えられる変形の量，②それを超えるが問題のない量，2次評価は③建物が倒れる限界の量となっている。

　テストは，定期検査で停止している原発を対象に1次評価を行い，福島第1，第2原発を除く商用原発44基を対象に2次評価が行われる。稼働中の原発は停止させずに行う。いずれも電力会社の報告

を国が評価することになっている。

　原子力の安全規制を一元的に担う原子力安全庁（仮称）を2012年4月，環境庁の外局として設置するのに伴い，同庁の運営をチェックする機関として「原子力安全審議会」を新設する方向で調整している。審議会のメンバーは，国会の同意人事とする。首相に対する勧告権限を付与する（時事新聞2011・9・29）。

第6章 原発事故の労働関係上の諸問題

第❸節 原発事故と民事損害賠償

I 原発事故と損害賠償制度

1 原発事故による損害賠償の基本的枠組み

(1) 原子力発電の導入に当たって制定された原子力損害賠償法は，原子力発電，原子燃料製造，再処理など原子力施設の運転中に発生した事故により被害を受けた者を救済するために制定されたものである。同法は，原子力事業者に無過失・無制限の賠償責任を課している。賠償責任の履行を迅速かつ確実にするため，原子力損害を賠償するための措置を義務づけ，原子力損害賠償責任保険への加入及び原子力損害賠償補償契約を義務づけている。賠償措置額は，原子炉の運転等の種類により異なるが，通常の商業規模の原子炉の場合は1,200億円となっている。

賠償措置額を超える原子力損害が発生した場合には，国は，国会の議決により政府に属させられた権限の範囲内で，原子力事業者に必要な援助を行う旨定められている（同法16条）。原子力損害の賠償に関して紛争が生じた場合，損害の範囲の判定の指針，損害の調査及び評価等を行わせるため，文科省に原子力損害賠償紛争調査会を置くことができるようになっている。

(2) 但し「その損害が異常に巨大な天災地変又は社会的動乱によって生じたものであるときは，この限りではない。」（同法3条但

書）として免責条項が設けられている。そして同時に制定された原子力損害賠償補償契約法では,「天災地変」について「地震又は噴火,あるいは正常運転によって生じた原子力損害等,原子力事業者が責任保険その他の原子力損害を賠償するための措置によっては埋めることのできない原子力損害」だけ定めているため,今回の福島第1原発事故のように「天災地変」ではあるが,代替電源の不備から発生した事故でもあるため,必ずしも全面的に「正常運転によって生じた原子力損害」ともいえない事故のときの責任が問題となる。福島第1原発の事故を,「一義的には東電の責任」としても東電が免責されなければ,賠償総額が巨額に上るため,東電が債務超過に陥り,破綻することは不可避であろう。現に東電の一株主が原子力損害賠償法の免責規定を適用しなかったため,株価が下落したとして,150万円の損害賠償を求める訴訟を2011年6月1日東京地裁に提起したという。

損害賠償法にある「天災地変」の定義と損害賠償補償契約法にある「政府の補償責任」の範囲を明確にしなければ,被災者だけではなく,このような訴訟も相次ぐかも知れない。

(3) 原子力損害賠償補償契約法2条は,「政府は,原子力事業者を相手方として,原子力事業者の原子力損害の責任が発生した場合において,責任保険その他の原子力損害を賠償するための措置によっては埋めることのできない原子力損害を原子力事業者が賠償することによって生ずる損失を政府が補償することを約し,原子力事業者が補償料を納付することを約する契約を締結することができる」旨定めている。そして3条において,この補償契約により補償する損失として「地震又は噴火によって生じた原子力損害」,「正常運転によって生じた原子力損害」等が挙げられている。

第6章　原発事故の労働関係上の諸問題

2　避難指示

2011年3月15日より4月21日までは，原子力災害対策特別措置法15条3項（内閣総理大臣は，原子力緊急事態が発生した時は，市町村長及び都道府県知事に対し，「避難のための立ち退き又は屋内への避難の勧告又は指示を行うべきこととその他の緊急事態応急対策に関する事項を指示する」）により，避難指示及び屋内待避指示がなされていた。同年4月22日，これが解除され，居住者の生命身体に対する危険を防止するため，原子力災害対策特別措置法20条3項に基づき，警戒区域，計画的避難区域，緊急時避難準備区域，特定避難勧奨地点が設定された。警戒区域では，緊急事態応急対策に従事する者以外の立入が制限され，違反した場合，災害対策基本法116条（原子力災害対策特別措置法28条1項）により，10万円以下の罰金又は拘留となる。同年9月30日，緊急時避難準備区域が一括解除された。

Ⅱ　「原子力損害賠償制度の在り方に関する検討会」と原子力損害賠償紛争審査会

1　「原子力損害賠償制度の在り方に関する検討会」報告書

(1)　1962(昭37)年に原発が導入されて以来，原発の安全神話をよそに，内外の原発事故は絶えなかった。大きな事故だけをみても，1979年には，米国ペンシルベニア州のスリーマイル島で国際原子力評価尺度レベル5の大事故が発生し，さらに1986年にはソ連（現ウクライナ）のチェルノブイリ原発でレベル7の「深刻な事故」が発生した。

わが国でも，1999年に，住友金属鉱山の子会社である株式会社

第3節　原発事故と民事損害賠償

JCO の核燃料加工施設で、レベル4の臨界事故が発生した。この事態を受けて「原子力損害賠償制度を適切かつ円滑に機能させるためには制度の運用面における体制整備」が必要であるとして、「原子力損害賠償制度の在り方に関する検討会」が設けられ、2008（平20）年12月にガイドラインとして「報告書」がまとめられた。「報告書」は、①紛争審査会による賠償の参考となる指針の策定の制度化、②罰則水準の引き上げ等が骨子となっている。

(2)　この報告書に基づき「原子力損害賠償紛争審査会」が創られることになり、委員の要件、議事や和解仲介の手順等を定める「原子力損害賠償紛争審査会の組織に関する政令（昭54・11・16政令281号）が制定された。審査会の役割は、以下のとおりである。

① 当事者（被害者と事業者）は、損害賠償に関する交渉が難航し、当事者同士の話合いでは解決できないとき、審査会に和解の申出をすることができる。

② 審査会は、和解の仲介及び原子力損害の範囲の判定等に関する一般的な指針の策定をすることができる。但し指針の内容を強制することはできない。

③ 被害者は、審査会の和解にかけることなく、直接、裁判所に訴えることができる。また審査会での和解が成立しない場合でも、裁判所に提訴することができる。

④ なお、同政令は、福島第1原発事故後、実際に原子力損害賠償紛争審査会が設置されて機能するようになった2011年7月に一部改正が行われ、①審査会に特別委員を置き、和解の仲介に参与させることができる（4条関係）、②審査会が行う和解の仲介は、事件ごとに1人又は2人以上の委員又は特別委員により行う、③2人以上の仲介委員が和解の仲裁を行う場合には、仲介の手続上の事項は、仲介委員の過半数で決すること

と定められた。

2　原子力損害賠償紛争審査会

福島第1原発の事故後、直ちに文科省に原子力損害賠償紛争審査会が設けられ、2011(平23)年4月28日、第1次指針、5月30日、第2次指針、6月20日、第2次指針（追補）、8月5日、中間指針、12月6日、中間指針追補が出されている。その概要は、次のようなものである。

A　損害賠償紛争審査会の第1次指針

(1)　第1次指針は、「政府の指示に基づく行動等によって生じた一定の範囲の損害についてのみ基本的な考え方を明らかにする」とし、①「政府による避難等の指示に係る損害」としては、避難費用、営業損害、就労不能等に伴う損害、財産価値の喪失または減少、検査費用（人、物）、生命身体的損害、精神的損害、②「政府による航行危険区域設定の指示に係る損害」としては、営業損害、就労不能に伴う損害、③「政府による出荷制限指示に係る損害」としては、営業損害、就労不能に伴う損害をあげている。

(2)　政府が原子力災害対策特別措置法に基づき住民の避難を指示した区域には、次のようなものがある。

イ　避難区域　　①福島第1原発から半径20km圏内（平成23年4月21日には、原則立入り禁止となる警戒区域も設定）。福島第2原発から半径10km圏内（同年4月22日には、半径8km圏内に縮小）

ロ　屋内待避区域　　政府が原子力災害対策特別措置法に基づいて各地方公共団体の長に対して住民の屋内待避を指示した区域。福島第1原発から半径20km以上30km圏内（同年3月25日官房長官より、住民の生活維持困難を理由とする自主避難促進

等が発表された。但し，同区域は，同年4月22日，下記の計画的避難区域及び緊急避難準備区域の指定に伴い，解除された。

ハ　計画的避難区域　政府が原子力災害対策特別措置法に基づいて各地方公共団体の長に対して計画的な避難を指示した区域。福島第1原発から半径20km以遠の周辺地域のうち，事故発生から1年の期間内に積算線量が20ミリシーベルトに達するおそれのある区域で，概ね1カ月を目途に別の場所に計画的に避難することが求められる区域。

ニ　緊急時避難準備区域　政府が原子力災害対策特別措置法に基づいて各地方公共団体の長に対して緊急時の避難等の準備を指示した区域。福島第1原発から半径20km以上30km圏内の部分から，「計画的避難区域」を除いた区域のうち，常に緊急時に屋内待避や避難が可能な準備をすることが求められ，引き続き自主避難をすること及び特に子供，妊婦，要介護者，入院患者等は立ち入らないことが求められる区域。

B　第2次指針（11・5・30）

4月までに農産物が1つでも出荷の制限（停止）や自粛要請を受けたことのある地域は，すべての農産物の風評被害を認める。畜産物と水産物も同じルールで，福島，茨城両県の全域が風評被害の対象となる。風評被害を賠償する期間は，事故が収束していないため，現時点では定めない。5月以降に出荷制限などを受けた地域の風評被害については引き続き協議する。観光業の風評被害は，まずは福島県に営業拠点をもつ業者を対象とした。風評に基づく消費者の行動を，うわさに基づく不安心理にとどめず，「（買い控えなどの）回避行動が合理的といえる場合は，原子力損害として賠償の対象となる」と明示した。避難生活に伴う精神的苦痛も賠償対象に認めた。だが，避難場所などで4分類して賠償額を算定する審査会の方針に，

被災地から異論が出ているため,算定方法は引き続き検討するとしている。

C 第2次指針（追補）11・6・20

2次指針中の「損害額算定方法」について,「その考え方」,具体的には「対象者」,「損害額の算定方法」,「損害発生の始期及び終期」を明らかにした。

(1) 対象者は,避難等により正常な日常生活の維持・継続が長期間にわたって著しく阻害された者であり,年齢や世帯の人数にかかわらず,個々人が賠償の対象となる。

(2) 損害額の算定については,算定期間を,① 事故発生から6カ月間（第1期）,② 第1期終了後6ヶ月間（第2期）,③ 第2期終了後,終期までの期間（第3期）の3段階に分け,それぞれの期間について算定するのが合理的としている。

(3) **損害額の算定方法**
第1期 1人月額10万円,避難所等において避難生活を余儀なくされた者は1人月額12万円を目安とする。
第2期 1人月額5万円を目安とする。
第3期については,今後の事故の収束状況等諸般の事情を踏まえ,改めて損害額の算定方法を検討するのが妥当である。

(4) **損害発生の始期及び終期**
損害発生の始期は,事故発生時である2011年3月11日とする。
損害発生の終期については,基本的には対象者が対象区域内の住居に戻ることが可能となった日とすることが合理的であるが,対象者の具体的な帰宅の時期等を現時点で見通すことは困難であるため,なお引き続き検討する。

D　中間指針（2011・8・5）は，1次指針及び2次指針（追補を含む）ですでに決定・公表した内容とその後の検討事項を加え，賠償すべき損害と認められる一定の範囲の損害類型を示したものである。具体的には①「政府による避難等の指示等に係る損害」，②「政府による航行危険区域等及び飛行禁止区域の設定に係る損害」，③「政府等による農林水産物等の出荷制限指示等に係る損害」，④「その他の政府指示等の係る損害」，⑤いわゆる「風評被害」，⑥「いわゆる間接被害，⑦「放射線被曝による損害」を対象とし，さらに⑧「被害者への各種給付金等と損害賠償金との調整」や，⑨「地方公共団体等の財産的損害等」についても可能な限り示すこととしたとしている。

　E　中間指針追補（2011・12・6）　8月5日の中間指針は，政府による避難指示に係る損害の範囲に関する考え方を示したものであるが，その際，避難指示に基づかずに行った避難（「自主的避難」）に係る損害については，「引き続き検討する」となっていた。避難指示対象区域の周辺地域には，放射線被曝への恐怖や不安を抱き，その危険を回避しようと自主的に避難をした者が相当数存在していることが確認された。同時に，その地域の住民の中には，自主的避難をせずにそれまでの住居に滞在し続けた者もいる。しかし，これらの避難をしなかった者の恐怖や不安も無視することはできないので，当該地域の住民による自主的避難と併せて「自主的避難等」ということにするとしている。

　そして「自主的避難等対象区域」，「対象者」，「損害項目」につき，分説されている。

3 損害賠償紛争審査会の指針の法的性格

(1) 損害賠償紛争審査会は,第1次指針において「原賠法により原子力事業者が負うべき責任の範囲は,原子炉の運転等により与えた原子力損害である（3条）が,一般の不法行為に基づく損害賠償請求権における損害の範囲と特別に異って解する理由はない。」,「指針策定に当たっても本件事故と相当因果関係のある損害,すなわち社会通念上当該事故から当該損害が生じるのが合理的かつ相当であると判断される範囲のものであれば,原子力損害に含まれると考える」と述べている。すなわち損害賠償紛争審査会の指針も,基本的には,民法の不法行為に基づく損害賠償請求権と同じように福島第1原発事故と相当因果関係のある損害について策定したものであり,中間指針追補が述べているように,「ここで対象とされなかったものが直ちに賠償の対象とならないというものではなく,個別具体的な事情に応じて相当因果関係のある損害と認められることがありうる。」としている。

そして中間指針追補は,「基本的考え方」として,「本件事故と自主的避難等に係る損害との相当因果関係の有無は,最終的には個々の事案毎に判断すべきものであるが,中間指針追補では,本件事故に係る損害賠償の紛争解決を促すため,賠償が認められるべき一定の範囲を示すこととするとしている。」と述べている。

(2) 損害賠償紛争審査会の指針は,対象地域として「国の指示で避難した地域」に限定している。しかし2次避難による精神的苦痛や風評被害は県内全域はもとより県外にも及んでいる。神奈川県は,5月,一部の地域で茶葉の出荷を自粛しているし,出荷制限がかかっていない近隣県の農漁業者は風評被害を訴えている。観光業,飲食業,バス・航空などの運送業,建設・不動産業なども風評被害

を訴えている。工業製品の輸出，外国人観光客の落ち込み，放射能汚染の風評，震災による自粛ムードや交通網の寸断による影響と風評被害をどう区別するか。

(3) 第2次指針によると，2011年4月までに農産物が1つでも出荷の制限（停止）や自粛要請を受けたことのある地域は，すべての農産物の風評被害を認めた。畜産物と水産物も同じルールで，福島，茨城両県の全域が風評被害の対象となる。風評被害を賠償する期間は，事故が収束していないため，現時点では定めていない。5月以降に出荷制限などを受けた地域の風評被害については，引き続き協議するとしている。観光業の風評被害は，まずは福島県に営業拠点をもつ業者を対象とした。風評に基づく消費者の行動を，うわさに基づく不安心理にとどめず，「（買い控えなどの）回避行動が合理的といえる場合は，原子力損害として賠償の対象となる」と明示した。避難生活に伴う精神的苦痛も賠償対象と認めた。しかし避難場所などで4分類して賠償額を算定する審査会の方針には，被災地から異論が出ている。

(4) **精神的苦痛**

福島県飯館村の官野村長は「約3カ月間放射能にさらされ，健康への不安を一生持ち続けなければならない。精神的苦痛はとてつもなく大きい」と述べている。避難生活だけではない精神的苦痛をどう評価するか。

(5) **風評被害**

当面の目に見える被害者の救済は比較的やりやすいが，2次的・3次的な被害の対象と損害，額の算定は困難である。第2次指針では「消費者または取引先が，原発事故による放射性物質による汚染の危険性を懸念し，敬遠したくなる心理が一般的な人を基準に合理

性を有していると認められる場合」となっているが，実際問題としては線引きが難しいであろう。

(6) 原発被害者救済法の立法化の必要性

債務不履行・不法行為を理由として損害賠償請求訴訟を提起するとしても，第5節「原発事故と労働契約関係」の項でみてきたように，原発作業の使用従属関係が極めて複雑であるため，困難な問題が立ちふさがっている。すでに見てきたように（「第3節　原発事故と労働安全衛生法」），「東電福島第1原発作業員の長期健康管理に関する検討会」報告書（2011年9月）に基づき，厚生労働省は，緊急作業に従事した労働者が，離職後も含め，自らの健康状態を経年的に把握し，必要な健康相談や保険指導等を受け，適切な健康管理を行うことができるような仕組みを労災補償として整え，原発が国策として始められたことを受け，地域住民の被害者も含めた健康管理と損害賠償の仕組みを立法化すべきであろう。

4　原子力事故被害緊急措置法（2011・8・5制定）

同法は，「仮払い早期救済法」と呼ばれているが，2011年8月5日，「事故による災害が大規模かつ長期間にわたる未曾有のものであり，これによる被害を受けた者を早期に救済する必要があること，これらの者に対する特定原子力損害の賠償の支払いに時間を要すること等の特別の事情があることに鑑み，当該被害に係る対策に関し国が果たすべき役割を踏まえ，当該被害に係る応急の対策に関する緊急の措置として，平成23年原子力事故による損害を填補するための国による仮払金の迅速かつ適正な支払及び原子力被害応急対策金を設ける地方公共団体に対する補助に関し，必要な事項を定める」ものとして制定された。同法3条1項，4条1項に基づき，政令294号が制定されている。

仮払い金対象損害　　福島県，茨城県，栃木県または群馬県に，営業所または事務所をおいて，次の事業を行う者（中小企業基本法に規定する中小企業者その他主務省令で定める者）が当該事業について受けたもの（旅館業，旅行業，小売業，外食産業等）。

5　原子力損害賠償支援機構法（2011・8・10制定）

(1)　原発事故による損害賠償の支援

　福島原子力発電所の事故による大規模な原子力損害を受け，政府として，① 被害者への迅速適切な損害賠償のための措置，② 福島原子力発電所の状態の安定化・事故処理に関係する事業者等への悪影響の回避，③ 電力の安定供給を確保するため，「国民負担の極小化」を基本として，損害賠償の支援を行うための所要の措置を講ずるものとして原子力損害賠償支援機構法が制定された。

　同法は，第1条（目的）として「原子力損害賠償法3条の規定により，原子力事業者が賠償の責めに任ずべき額が賠償法7条1項に規定する賠償措置額を超える原子力損害が生じた場合において，当該原子力事業者が損害を賠償するために必要な資金の交付その他の業務を行うことにより，原子力損害の賠償の迅速かつ適切な実施及び電気の安定供給その他の原子炉運転等に係る事業の円滑な運営の確保を図り，もって国民生活の安定向上及び国民経済の健全な発展に資すること」を掲げている。

(2)　原子力損害賠償支援機構法の概要

同法の骨子は，次のようなものである。
① 　原子力損害が発生した場合の損害賠償の支払に対応する組織として原子力損害賠償支援機構を設置し，原子力事業者からの負担金による積立を行う。
② 　原子力事業者が損害賠償を実施する上で機構の援助を必要と

するときは、機構は、運営委員会の議決を経て、資金援助（資金の交付、株式の引受け、融資、社債の購入等）を行う。機構は、資金援助に必要な資金を調達するため、政府保証債の発行、金融機関からの借入れをすることができる。
③　機構が原子力事業者に資金援助を行う際、政府の特別な支援が必要な場合、原子力事業者と共に、「特別事業計画書」を作成し、主務大臣の認定を求めなければならない。特別事業計画書には、原子力損害賠償額の見通し、賠償の迅速かつ適切な実施のための方策、資金援助の内容及び額、経営の合理化の方策、賠償履行に要する資金を確保するための関係者（ステークホルダー）の協力の要請、経営責任の明確化のための方策等について記載する。主務大臣は、関係行政機関の長への協議を経て、特別事業計画を認定する。

　機構が特別事業計画に基づく資金援助をするため、政府は機構に国債を交付し、機構は国債の償還を求め（現金化）、原子力事業者に必要な資金を交付する。
④　機構から援助を受けた原子力事業者は、特別負担金を支払う。機構は、負担金等をもって国債の償還額に達するまで国庫納付を行う。ただし、政府は、負担金によって電気の安定供給等に支障を来たし、または利用者に著しい負担を及ぼす過大な負担金を定めることとなり、国民生活・国民経済に重大な支障を生ずるおそれがある場合、機構に対して必要な資金の交付を行うことができる。

(3) 原子力損害賠償支援機構法のもつ意味

イ　原発事故が、国際的な評価尺度によるレベル4以下程度のものであり、損害賠償額が各電力会社の負担金で賄えるものであるならば、原子力損害賠償支援機構も円滑に機能するであろう

し，比較的問題は少ないといえる。しかし福島原発のようにレベル7となり，想像を絶する巨額な賠償金の支払を前にすると，原子力損害賠償法3条但書の天災地変による免責条項を援用する以外には「生き残る途」はないであろう。しかしすでに見てきたように（前記(1)参照），「天災地変」ではあるが，代替電源の不備から発生した事故でもあるため，必ずしも全面的に「正常運転によって生じた原子力損害」ともいえない事故のときの「東電の責任」が問題なのである。原子力損害賠償支援機構法は，ある意味では，この問題を政治的に処理するための立法であるともいえる。同法は，損害賠償の責任は東電にあるとしながら，東電が負う賠償責任の履行を政府が支援するという形をとっている。すなわち損害賠償責任の主体である東電の存続を前提とし，直接，損害賠償資金を援助するのではなく，特別事業計画に基づき機構に国債を交付し，機構が国債の償還を求めて原子力事業者に必要な資金を交付するという形をとっているのである。このような損害賠償支援機構法の骨組みは次のようなことを意味する。

ロ　東電は，巨額な損害賠償額を別としても，廃炉のための費用として1兆数百億を超える額が必要とみられている。東電の自己資本は1兆円であるが，すでに金融機関から約4兆円借りている。東電の発行可能株式総数は18億株であるが，発行済み株式は約16億株である。もし東電が債務超過の状態に陥り，金融機関が担保権を行使するとすれば，担保権の方が損害賠償請求権より優先するから，被災者の損害賠償の問題について，最悪の事態が生じるのは必至である。東電の資産査定や経営見直しをすすめている政府の第三者委員会（「東電に関する経営・財務調査委員会」）の報告が，東電の財務体制強化のため，損害賠償支援機構による出資が必要としているのは当然であろ

う。原子力損害賠償支援機構法65条は,「政府は,著しく大規模な原子力損害の発生その他の事情に照らし」,「電気の安定供給その他の原子炉の運転等に係る事業の円滑な運営に支障を来し,又は当該事業の利用者に著しい負担を及ぼす過大な額の負担金を定めることとなり,国民生活及び国民経済に重大な支障を生ずるおそれがあると認められる場合に限り,予算で定める額の範囲内において,機構に対し,必要な資金を交付することができる。」と定め,国家予算から,直接,機構に対し資金を交付する途も残しているのである。

　しかし政府も「打出の小槌」をもっているわけではない。結局は,「脱原発・発送電分離」を含めての「電力制度改革」と「電気料金の値上げ」という難問は,緊急に解決を迫られる問題として政府ひいてはわれわれ国民の前になげかけられているのである。

第7章
脱原発の方向性と課題

第1節　反原発運動

1　わが国の反原発運動

(1)　国のエネルギー基本計画は，東日本大震災・福島第1原発事故の前年6月に策定されている。それによれば既存の原発54基に加え，2030年までに少なくとも原発を14基新増設し，全発電量に占める比率を26％から53％に大幅に引き上げることが柱となっていた。

しかし事故後管首相（当時）は，このエネルギー基本計画の撤回を打ち出し，政府のエネルギー基本計画を白紙から見直すとともに，「脱・原発依存」を柱とするエネルギー政策や当面の電力需給対策についての見解を記者会見において明らかにした（読売新聞2011・7・13）。

(2)　連合総研は，原発事故後の6月21日，大震災からの復興・再生に向けて「脱原発の方向を目指す」とする次のような提言を行っている。「中期的なエネルギー政策は，場当たり的な対応ではなく，国民の合意に向けた議論が必要」とした上で，原発については，「依存度を徐々に減らしていく意味での脱原発」の方向にシフトせざるをえない。財源については，「被災地の負担増を回避するため，所得税や法人税などの直接税が中心とならざるをえない。消費税では被災地の生活必需品にも重く課税され，不均衡や格差を是正できない」（共同通信2011・6・21）。

(3) ソフトバンクと大阪・埼玉などの35道府県は，7月13日，太陽光や風力発電などの普及促進，地域ごとに自然エネルギーを活用する分散型エネルギー社会の実現を目指す「自然エネルギー協議会」の設立総会を秋田で開いた。自然エネルギーの普及で電源の原発依存からの脱却を目指し，具体的にはソフトバンクが自治体と協力し，休耕田などを利用し，出力2万キロワットを超える大規模太陽光発電所メガソーラを全国10箇所に設立する計画が柱となっている。自治体毎の特色を活かし，風力発電や地熱発電なども活用する方針であるという（毎日新聞2011・7・13）。

(4) 東北電力が2021年度運転再開を目指す浪江・小高原発（福島県浪江町・南相馬市）出力82万5,000キロワットの建設計画に対し，浪江町長は，9月21日，計画を前進させない方針を明らかにした。南相馬市長も「脱原発」を打ち出し，立地2市町が従来の推進方針を転換する見通しとなった。1967(昭和42)年に誘致を議決したが，「手順を踏まえて決断したい」と語った。「雇用や地域振興に重要と考え，誘致に取り組んだが，事故で安全神話が崩壊した。多くの人が大変な中で新規立地は世論上大変難しい。総理は，寿命がきたものの廃炉を声明し，県の流れも同じ」，町議会で誘致を白紙に戻し，国や県とも協議の上，自然エネルギーの拠点を誘致したい」と説明した（河北新報2011・9・22）。

2 原発訴訟

反原発運動に関連し，わが国では，原発の新・増設を止めるための訴訟が数多く提起されている。この種の原発訴訟には，行政訴訟と民事訴訟がある。

第1節　反原発運動

(1) 原発訴訟の類型

イ　行政訴訟　地域住民が原発の設置を止めさせようとして裁判で争ったのは，愛媛県西宇和郡伊方町にある伊方原発1号炉の設置許可取消を求めた行政訴訟（1973年8月提訴）が最初である。松山地裁で棄却（1978・4・25），高松高裁で棄却（1984・12・14）最高裁で棄却（1992・10・29）となっている。

設置許可取消の行政訴訟は，このほか福島第2原発1号炉事件（1975・1・7提訴，福島地裁1984・7・23棄却，仙台高裁1990・3・20棄却，最高裁1992・10・29棄却），東海第2原発事件（1973・10・27提訴，水戸地裁1985・6・25棄却，東京高裁2001・7・4棄却，最高裁2004・11・2棄却），柏崎刈羽原発1号炉事件（1979・7・20提訴，新潟地裁1994・3・24棄却，東京高裁2005・11・22棄却，最高裁2009・4・23棄却），伊方原発2号炉事件（1978・6・9提訴，松山地裁2000・12・15棄却）があり，青森地裁には，次の3つの事業許可取消訴訟が提訴されている。① ウラン濃縮施設の加工事業の許可取消，② 低レベル放射性廃棄物処分施設の埋設事業許可取消，③ 再処理施設の指定処分取消。①は，青森地裁2002・3・15棄却。仙台高裁で棄却（2006・5・9），最高裁で棄却（2007・12・21），②は，青森地裁2006・6・16棄却，仙台高裁で棄却（2008・1・22），最高裁で棄却（2009・7・2），③は係争中となっている。

ロ　行政訴訟と民事訴訟　高速増殖炉「もんじゅ」事件（1985・9・26提訴）は，福井県敦賀半島にある動燃事業団（後に日本原子力研究所と統合し，日本原子力開発機構となる）の実験炉の設置許可無効取消の行政訴訟と運転差止を求めた民事訴訟が併せて提訴されたものである。

原告適格に関しては，福井地裁1987・12・25却下，名古屋高裁金沢支部1989・7・19一部差し戻し，最高裁1992・9・22地裁差し戻し，実態部分については，福井地裁（併合）2000・3・22棄却，名古屋高裁金沢支部（無効確認のみ）2003・1・27原告勝訴，最高裁2005・5・30

高裁判決破棄，原告控訴棄却となっている。

　ハ　民事訴訟　　女川原発1, 2号機事件（建設・運転差止，1981・12・26提訴），仙台地裁1994・1・31棄却，仙台高裁1999・3・31棄却，最高裁2000・12・19棄却。志賀原発1号炉事件（建設・運転差止，1988・12・11提訴），金沢地裁1994・8・25棄却，名古屋高裁金沢支部1998・9・9棄却，最高裁2000・12・19棄却。泊原発1, 2号機事件（建設・運転差止，1988・8・31提訴），札幌地裁1999・2・22棄却，志賀原発2号炉事件（運転差止，1999・8・31提訴）金沢地裁2006・3・24「運転差止」，名古屋高裁金沢支部2009・3・24地裁判決破棄，最高裁2009・10・28棄却。浜岡原発1～4号機事件（運転停止，03・7・3提訴），静岡地裁2007・10・26棄却。島根原発1～2号機事件（運転差止，1999・4・8提訴），松江地裁2010・5・31棄却。

(2)　判例の概観と判決文中における問題点の指摘

　原発訴訟は，反原発運動の中から数多く提訴されたが，原告である住民側が勝訴となったのは，志賀原発2号炉事件・金沢地裁2006・3・24判決と「もんじゅ」事件・名古屋高裁金沢支部2003・1・27判決だけであり，いずれも最終的には，最高裁で棄却となっている。結局，裁判は，高度な科学技術の専門的論争に決着をつける場ではなく，行政の判断の是非を問題としているのであるから，「現行の科学技術の水準で専門的な審査の過程で見過ごすことのできない誤りがない限り，それに基づく行政の判断は適法」とせざるをえないというのが原発訴訟の判例となっている。しかし判決文中には，重要な問題点の指摘がいくつかなされているので，一番最初の原発訴訟である「伊方事件最高裁判決」から，いくつか要約して紹介することにする（海渡雄一『原発訴訟』岩波新書，11～17頁，現代人文社編集部編『司法は原発とどう向き合うべきか——原発訴訟の最前線』参照）。

イ　まず原子炉審査許可の目的について，伊方最高裁判決は，「原子炉施設の安全性が確保されないときは，当該原子炉施設の従業員やその周辺の住民等の生命，身体に重大な危害を及ぼし，周辺の環境を放射能によって汚染するなど，深刻な災害を引き起こすおそれがあることにかんがみ，右災害が万が一にも起こらないようにするため，原子炉設置許可の段階で，原子炉を設置しようとする者の右技能的能力並びに申請にかかる原子炉の位置，構造及び設備の安全性につき，科学的，専門技術的見地から，十分な審査を行わせることにあるものと解される」と述べ，安全審査の目的を万全の災害防止にしぼっていることが注目される。

　ロ　国の安全審査においては，「原子力工学はもとより，多方面にわたる極めて高度な最新の科学的，専門技術的知見に基づく総合的判断が必要とされるものである」が，「原子炉施設の安全性に関する判断の適否が争われる原子炉設置許可取消訴訟における裁判所の審理，判断は，原子力委員会若しくは原子炉安全専門審査会の専門技術的な調査審議及び判断を基にしてされた被告行政庁の判断に不合理な点があるか否かという観点から行われるべきであって，現在の科学技術水準に照らし，右調査審議において用いられた具体的審査基準に不合理な点があり，あるいは当該原子炉施設が右の具体的審査基準に適合するとした原子炉委員会若しくは原子炉安全専門審査会の調査審議及び判断の過程に看過し難い過誤，欠落があり，被告行政庁の判断がこれに依拠してされたと認められる場合には，被告行政庁の右判断に不合理な点があるものとして，右判断に基づく原子炉設置許可処分は違法と解すべきである」とし，違法性判断の時点が処分時ではなく，訴訟審理が実施されている時点であることが明示されている。

　ハ　また最高裁判決は，原子炉設置許可取消処分についての取消訴訟においては，「被告行政庁がした右判断に不合理な点があるこ

との主張，立証責任は，本来，原告が負うものと解されるが，当該原子炉施設の安全審査に関する資料をすべて被告行政庁の側が保有していることなどの点を考慮すると，被告行政庁の側において，まず，その依拠した前記の具体的審査基準並びに調査審議及び判断の過程等，被告行政庁の判断に不合理な点のないことを相当の根拠，資料に基づき主張，立証する必要があり，被告行政庁が右主張，立証を尽くさない場合には，被告行政庁がした右判断に不合理な点があることが事実上推認されるものというべきである。」とし，立証責任を，事実上被告行政庁に転換している。

3 諸外国の動向

(1) 脱原発の国

　新聞報道等によれば，ドイツでは，17基のうち，安全点検で3カ月の稼働停止となった旧式原発7基と故障で稼働を中止している1基はそのまま廃炉。残りの9基は原則として2021年までに稼働停止とするが，再生可能エネルギーへの転換が進まず，電力不足が生じたときは，3基については，2022年まで1年間の稼働延長を認めるということであり（朝日新聞2011・5・30），イタリアも6月13日，過去に全廃した原発の復活の是非を問う国民投票が即日開票され，投票率が成立要件である50％を大幅に上回り，反対票が94％を超え，国民の圧倒的多数で脱原発が決定された。またスイスが，9月30日，ドイツ，イタリアに続いて2034年までに原発を全廃する旨を宣言した。

　(2) ドイツは，1986年に発生したチェルノブイリの事故を受けて，「緑の党」が政権をとったときに，稼働中のものを残し，新設はしないというかたちで脱原発を決定している。したがって今回の国民投票は，現メルケル政権が原発の稼働延長をしようとしていたとき

に福島第1原発の事故が発生したため，稼働延長をするかどうかの国民投票が行われたものである。ドイツもイタリアも，かって全廃した原発の復活を認めるかどうかの投票であり，国際世論としては注目すべきであるが，いずれの国もフランス等の隣接国の原発から電力を買うことができる点で，わが国とは条件が違うことに留意する必要がある。

(3) フランスは，アメリカ追随ではなく独自の原発産業をもつ国であるが，1970年代の石油危機のときに原発の建設を加速させ，電力の8割を原発で賄っている。しかし技術者や物理学者でつくる民間シンクタンク「ネガワット」は，9月29日，地球温暖化を招く温室効果ガスの排出を抑えつつ，原子力エネルギーへの依存度を2015年から段階的に引き下げ，2033年には，すべての原発を稼働停止にするというシナリオを公表した。徹底した省エネなどで，50年のエネルギー消費を現在の約3分の1に減らせると試算。再生可能エネルギーのフル活用で，現在58基ある原発を順次止められるとしている。また福島第1原発事故の影響で，政府も「最高水準の安全性」を掲げるようになり，40年の耐用年数を過ぎた原発の存続は難しくなるとみている。

仏南部ロワール川に臨むマルクール原子力施設の一角にある低レベル放射性廃棄物処理・調整センターで9月12日溶融炉が爆発する事故が起きた。作業員1人が死亡，4人が負傷した。仏原子力安全機関（ASN）は，国際評価尺度で下から2番目のレベル1とした。福島原発事故をうけて，中央も地方も党派を超えて原子力産業を支える点では一致しているが，「原発への依存度を下げよう」という声は出ている（朝日新聞2011・10・3）。

(4) ドイツ，イタリア，スイス それぞれの原発依存の状況や条件が違うから，どこの国でも直ちに「脱原発」＝「原発廃止」とい

第7章 脱原発の方向性と課題

うわけにはいかない。「脱原発」を宣言することは，「いかにしたら原発なしでもやっていけるか」という困難な問題に取り組む出発点というべきものである。それぞれの国は，そのおかれた条件によって，国民の総意をあげて工夫していくよりほかにはないであろう。「省エネ」，「自然エネルギー」は解決策の1つにすぎない。ただ各国とも原子力の安全管理を強化するようになったというのが，福島第1原発事故の最大の教訓である。

第 ❷ 節　政府の脱原発の方向性

1　政府の脱原発の方針

(1)　54基あった原発の合計出力は，4,896万キロワット。2011年7月末時点で稼働している原発は15基で1,344万キロワットであったが，福島第1原発の事故を受け，2012年4月19日に1号機〜4号機が廃止され，5月5日には，北海道電力泊原発が定期検査に入り，国内の原発稼働はゼロになった。

当面の代替エネルギーは液化天然ガス（LNG）や石炭，石油を燃料とする火力発電とならざるをえない。火力発電の問題点は，燃料コストである。日本エネルギー経済研究所の試算では，2012年度の追加コストは2011年度比でLNGが1兆3,960億円，石炭1,910億円，石油1兆8,870億円が必要となるという。このコスト増を単純に電気料金に上乗せすると，1キロワット時当たり3.7円上昇し，標準家庭では，1ヵ月1,049円（18.2％）の負担増となる。産業用（特別高圧）は，10年度の平均料金（1キロワット時当たり10.22円）の負担増となる（毎日新聞2011・8・3）。環境省の試算では，54基の原発を火力発電に切り替えた場合，二酸化炭素（CO_2）排出量は，年間1.8億〜2.1億トン増加するという。温暖化防止の京都議定書では，日本は2008〜2012年の温室効果ガス排出量の平均値を1990年比で6％削減する必要があるが，黄信号がともっているのである。

2 原子力政策の基本方針の変化

(1) 1979年のスリーマイル事故,1986年のチェルノブイリ事故により安全神話が崩れ,脱原発の気運がたかまっても,政府は,原発推進の姿勢を変えなかった。発電量における割合は1974年度の5.4％から1998年度のピーク時には36.8％に増加した。

内閣府の原子力委員会は,ほぼ5年毎に原子力政策の基本方針を策定しているが,2005年の「原子力政策大綱」では,国内の原発の比率を2030年以降は30～40％に引き上げていくことを目指し,核燃料サイクルを推進するとしている。

福島第1原発の事故をうけ,原発に対する風潮は大きく変わった。原子力委員会においても,「大綱の議論は最初からやり直す必要がある。原発廃止に向けた政策を確立すべきだ」(阿南久・全国消費者団体連絡会事務局長)。「政策を決めるときの出発点は脱原発に置くべきだ」(伴英幸・NPO原子力資料情報室共同代表)という委員の発言が相次いだ。事故後原子力委員会に寄せられた1万件余りの意見は,殆ど原発廃止や再生可能エネルギー利用を求める意見であったという。「原子力政策大綱」は,2012年に改訂の予定である。また経済産業省の綜合資源エネルギー調査会は,エネルギー政策全体の方針である「エネルギー基本計画」をつくっているが,事故を受けて2010年に策定された「基本計画」を見直すことにしている。両者とも,法に基づき閣議決定されたものであり,原子力推進の方向性は同じであったが,見直しの気運が出てきていることは注目される。

(2) 一方,関係閣僚でつくる「エネルギー・環境会議」(2011年6月設置)は,7月の中間整理で,「革新的エネルギー・環境戦略」をまとめ,「原発依存を下げていく」という「減原発」の方針を示

し，時の総理であった管首相は，2011年7月13日の記者会見で「将来は原発のない社会を」と表明している。そして29日，政府のエネルギー・環境会議は，原子力の発電割合を2030年までに53％にする「エネルギー基本計画」を白紙撤回し，「減原発」に踏み出すことを決めた。

　(3)　「反原発」，「脱原発」，「脱・原発依存社会」等いろいろな名で呼ばれているが，① 全原発の即時稼働停止，② 古いもの（稼働年数40年以上）から順次廃止，③ MOX燃料使用の原子炉の停止といろいろな意味内容をもつものとして使われている。しかしいずれにしても，「減原発」でない以上，原発はもはや新規に創設せず，将来に向かって廃止していくという方向性は明らかになっているとみてよいであろう。ただ，いずれにしても「使用済み核燃料の処理」という膨大な時間と費用のかかる困難な問題は残るのである。

第7章　脱原発の方向性と課題

第❸節　脱原発の問題点

　国の政策として「脱原発」を唱えることは，①新設はしない，②輸出はしない，③現存し，稼働しているものは，イ　検査期日がくるまでは，現状どおり稼働させ，検査期日がきたら廃炉にする。ロ　検査終了後，耐用年数がくるまで再稼働させる。ハ　全原発につき廃炉にする，のいずれかであるが，これまでのところ明確なツメはなされていない。しかし早急に意思決定をせまられるいくつかの問題についてみていくことにする。

1　原発の輸出問題

（1）　まず新聞記事により，ここ数カ月の原発の輸出問題に関する情報をみてみることにする。

- (**読売新聞 2011・7・26**)　トルコ政府は，黒海沿岸の都市シノップに原発を建設し，2020年頃の稼働を予定している。2011年12月に韓国との交渉を打ち切り，日本政府に優先交渉権を与えてきた。トルコも地震国であり，日本の耐震技術を評価したところが大きい。原子力関連の技術や人材育成，法整備の手助けを期待している。トルコ政府は，日本政府に対し，7月末までに交渉継続の意思を明らかにしない限り，優先交渉を打ち切り，他国との交渉を開始すると伝えてきた。

- (**毎日新聞 2011・8・5**)　政府は，海外への原発輸出に関する統一見解をまとめた。すでに受注に向けた具体的な交渉が進んでいる案件は，「国際間の信頼関係」を維持するために推進，一方，新規の輸出案件は，政府の原発事故に関する「事故調査・検

証委員会」の調査を踏まえ，原発技術の安全性を検証した上でIAEAの安全基準に沿って判断する。日本の受注が決まっているベトナムや優先的に交渉を進めているトルコとの交渉を引き続き進める。

　政府は，2011年7月29日のエネルギー・環境会議でエネルギー政策見直しの一環として原発への依存度を段階的に減らす「減原発」方針を打ち出している。一方，日本の原発技術を求める海外の関心は高く，見解では新規の輸出案件に関し，事故調の調査やIAEAの基準を踏まえて判断することとした。

・(**毎日新聞2011・11・29**)　民主，自民両党は，原発の海外輸出に必要なロシア，ヨルダン，韓国，ベトナムとの原子力協定を今国会(会期2012・9)で成立させる方向で合意した。

　原子力協定とは，核物質や原子力機械を輸入する際，平和利用に限定して軍事転用を防ぐため，政府間で原子力協定を締結することになっている。政府間で締結し，国会が承認して発効する。わが国は，米国，フランス，EUなど7カ国，11地域と署名している。

(2)　政府は，海外への原発輸出に関する統一見解として，①すでに受注に向けた具体的な交渉が進んでいる案件は，「国際間の信頼関係」を維持するために推進する。②新規の輸出案件は，政府の原発事故に関する「事故調査・検証委員会」の調査を踏まえ，原発技術の安全性を検証した上でIAEAの安全基準に沿って判断するというものである。そこで日本の受注が決まっているベトナムや優先的に交渉を進めているトルコとの交渉は引き続き進めるとしている。

　政府は，2011年7月29日のエネルギー・環境会議でエネルギー政策見直しの一環として原発への依存度を段階的に減らす「減原

発」方針を打ち出している。一方，日本の原発技術を求める海外の関心は高いので，新規の輸出案件に関しては，事故調査委員会の調査やIAEAの基準を踏まえて判断することとしている。しかし将来に向けてであれ，「脱原発」の方向性をとる以上，IAEAの基準や貴重なわが国の原発事故の経験を踏まえ，適切なアドバイスを与える方が国際信義の上から必要であろう。

2　原子力潜水艦・原子力空母の横須賀寄港問題

原発は，「第2章 1 原子力発電のしくみ」でみてきたように，原子力潜水艦の発電機の平和的利用として始まったものであり，それが大型化した原子力空母も含め，原理的には原子力潜水艦・原子力空母も原発と同じ発電施設を搭載しているのである。例えば原子力空母のジョージ・ワシントンには，熱出力60万キロワットの原子炉が2基搭載されており，福島原発1号機（熱出力138万キロワット）に匹敵するといわれている。神奈川県は，横須賀基地一帯を地震が襲えば，最大で5メートルの津波と4.6メートルの引き波が発生すると予測している。ジョージ・ワシントンが停泊中には，船底から海底まで，3メートルの余裕しかないので，これを超える引き波が起きると座礁するおそれがあるという。

米政府解禁文書によれば，1964年の原子力潜水艦の寄港以来，横須賀はアメリカの原子力艦の拠点にされてきたが，日本政府の①原子炉の安全性の点検要求と②日本の港湾で放射能漏れのおそれのある冷却水放出等をするなという要望をすべて拒否し続けてきたという（しんぶん赤旗　日曜版2011・10・2）。

過去の話ではなく，今も原子力艦は人口稠密な大都市を間近に控えた横須賀に平然と寄港している。原発に関する日本の法制度（原子力基本法，原子炉等規制法，放射線障害防止法，原子力損害賠償法，原子力損害賠償補償契約法原子力委員会決定による「原子炉立地審査指

針」等）は，完全に無視されているのである。

　高度の政治的判断を要する国際的な外交問題であることは理解できるが，少なくとも国際原子力機関の安全基準に則った原子炉の安全性の点検と湾内における冷却水放出の規制は，明確にしていくべきであろう。

第❹節　脱原発の課題

1　福島第1原発の安定化と廃炉

(1)　原子炉の安定化

　焦眉の急の問題として立ちふさがっているのは，福島第1原発の原子炉の安定化である。安定化とは，原子炉が「冷温停止状態を保っている」ことをいうが，具体的には①圧力容器の下部の温度が100度以下，②原子炉からの放射性物質の放出を抑え，原発敷地境界の年間被ばく線量を1ミリシーベルトに抑えること，③放射性汚染水を原子炉の冷却水に再利用する循環注水冷却システムの安定運転の維持をいうとされている。新聞報道（毎日新聞・産経新聞2011・10・18）によれば，圧力容器下部の温度は70〜80度で推移しており，敷地境界の放射線量も0.2ミリシーベルトまで下がっているが，原子炉冷却システムは屋外に剝き出しのままであり，トラブルも相変わらず頻発している状態であるという。東電側の工程表によれば，原子炉の安定化は2012年1月とされている。

(2)　廃　　炉

　原子炉の冷温停止が達成されると，廃炉に向けた作業が始まる。作業は，①原子炉と燃料貯蔵プールからの燃料の取り出しに始まり，②発生する放射性廃棄物を管理しつつ，③廃止措置に終わる「避けて通れない道」である。

　国の原子力委員会は，過去に起きたアメリカのスリーマイル島の事故から判断して，相当の長期間を要することから，東電の取組み

の着実な進展を促すため,「この取組みのロードマップとその実現に向けて効果的と考えられる技術開発課題を早急に取りまとめるべき」であるとして, 7月21日, 中長期措置検討専門部会を設置し, 取組みのロードマップの取りまとめと実現に向けて分担すべき研究開発や必要となる制度等を提言していくこととした。

中長期措置検討専門部会は, 2011年12月7日, 廃炉の進捗状況を点検する第三者委員会の設置や廃炉完了までに30年以上 (2042年以降) を要する工程などを盛り込んだ報告書をまとめた。作業は, ① 原子炉建屋内の除染, ② 格納容器の損傷部分の修復, ③ 格納容器内を水で満たす冠水の実施, ④ 燃料回収, の順序で行われる。1～4号機の使用済み核燃料の回収は, 3年後 (2015年以降), 原子炉内の溶融燃料は10年後 (2022年以降) に取り出すことになる。

この報告書を基に経産省と東電は, 具体的な作業を盛り込んだ新たな工程表をまとめた。使用済み核燃料は, 2年以内に, まず4号機で取り出し, 敷地内や格納容器に一時保管, 1～3号機の燃料は, 2025年までに回収したうえで, 原子炉や建物の解体を進め, 廃炉のすべての作業を最長で40年かけて終えることを目指す。原子炉や格納容器は放射性物質で汚染されているうえ, 水が漏れている場所もあり, 世界でも例のない困難な作業となるため, ロボットの開発も盛り込んでいる。

(3) 廃炉は, これらの報告書をみただけでも,「気が遠くなるような長い時間」を要する作業であるが, 取り出した核燃料をどのように処分するかという難題は, 未だに解決されていない。原発の推進の時にみせた国をあげてのエネルギー (熱意) が, 原発の葬送のときにも発揮され, 世界に誇る科学技術の確立を見せてほしいと私は切に願うものである。

2 災害後の復元力

(1) 防災は，予防と救難に注目しがちであるが，災害の後の復元力，すなわち社会機能が復元するまでの時間を如何に短くするかが大切である。社会を立て直す主役は住民であるから，情報を開示しておくことが重要である。「危険の規模と質」，「収拾の手段と限界」の理解が十分にあれば，住民は自己の判断で復旧行動に移れる。しかし原発の安全神話に頼り，原発と同居する社会での危険性と制御困難な事故にあったときの対策を政府・企業は必ずしも明確にはしてこなかったように思われる。電力会社は排出権取引にも，炭素税導入にも反対し，原発を支持した。誤りの根源は「シビリアンコントロールのない原発政策」であり，独占によるコスト無視であったように思われる。原子力政策を策定する原子力委員会（内閣府に設置）のメンバーが「原子力村」と揶揄され，形の上では，反対派の意見を聴くが，単なるガス抜きにすぎないのでは，「シビリアンコントロール」はないに等しい。

(2) 原発を新設・増設するには，莫大な投資を要し，そのコストと利潤を生み出すまでの期間を考えたら，そこに投資する投資家はまずいないであろう。

原発を要請するのは，電力に対する需要だけである。104基ある原発大国のアメリカでも，景気の後退とともに，新設は止まっている。一番新しいものでも1978年製であり，一部は60年代に建設されたものである。当初は40年であった稼働期間をさらに20年延長して稼働させている。

福島原発の事故後も原発を新設したのは，チェコ，スロベニア，インド，ロシアであり，国家主導の計画経済体制をとりうる国々ばかりである。

3 脱原発の意味

　今日のわれわれは，原発なしには生活出来ない様式になっている。製造業中心の経済が電力に依存しているだけではなく，国民の生活も電気製品に取り囲まれたオール電化である。これまでの原発政策は，過疎地対策，公害（二酸化炭素）対策，地球温暖化対策，化石燃料の輸入問題対策，クリーンで安価な原子力利用というバラ色の一面だけが強調されていた。バラには棘がある。天文学的な損害賠償額も，結局は国民が税金と電力料金の値上げという形で背負わなければならないことは覚悟しなければならないであろう。

　これまでの原発政策は，都市への過度の集中と過疎問題の対策，公害（二酸化炭素）対策，地球温暖化対策，化石燃料の輸入問題対策として生まれ，クリーンで安価な原子力利用という一面だけを見ていたのである。原発事故の処理のためには，長い時間と天文学的な損害賠償を背負わなければならない。結局は，現在の国民は税金と電力料金の値上げという形，将来の国民は，赤字国債の償還という形で負担を負わなければならないのである。それだけではなく，放射能および汚染物質で生活が脅かされ，使用済み核燃料の処分という重い負担を将来にわたって抱え込まなければならないことなども明らかになっている。原発の稼働を一斉に止め，すべてを廃炉にしたとしても，現在の原発の事故処理の財政的負担には変わりはない。

　脱原発には，① 新設はしない，② 天災地変発生の確率の高いところの原発は廃炉，③ 老朽化した原発は廃炉，④ 点検を強化しつつ稼働，⑤ 漸次に廃炉，の選択しかないように思われる。もちろん，その間に代替エネルギーの開拓促進をすることは，当然の前提である。

　われわれには，生活水準の向上や豊かな文化生活の裏面史として

同時進行的に進んできた水俣, 窒素, カネミ等の化学物質による公害問題や複合汚染の問題を乗り越えてきた歴史がある。福島第1原発の対策は, 震災からの復興対策とともに廃炉に向けての世界的なモデルケースとなりうるものでなければならない。そういうものとして世界的に注目を浴びているのである。

4 福島第1原発国有化論

鳩山元首相が, 英科学誌「ネイチャー」に「東電福島第1原発を国有化すべきである」という論評を寄稿したことが, 報道されていた（毎日新聞2011・12・15）ので, 紹介しておくことにする。

鳩山元首相と平智之衆院議員（いずれも民主党）は, 「企業秘密などを理由に情報開示が進まない現状では, 事故の全容解明や安全対策が進まない」と指摘。東電が「特許や核物質防護上の問題を理由に, 手順書の大半を塗りつぶして衆院特別委員会に呈示した問題を取り上げ, 溶融した燃料が格納容器の底のコンクリートをどの程度浸食したかも不明なため, 放射性物質が地下水に混入する恐れが残る」としている。こうした状況を踏まえ, 「あらゆる情報が公開され, 独立した立場で科学者が事故を評価する必要がある。」と指摘。そのためには「政府の管理下に置くしかない。」と述べている。

もっとも（毎日新聞2011・12・8）によれば, 政府は, 「東電に少なくとも総額1兆円規模の公的資本を注入する方向で調整に入った。」ということであり, 具体的には, 東電は原発事故の対応費用の増加などで, 2013年3月期には債務超過に陥る可能性が高まっていることから, 2012年6月の定時株主総会で株式授権枠の大幅拡大につき承認を得たうえで, 原子力損害賠償支援機構が東電の新株（優先株）を引き受け, 東電の「実質国有化」に踏み切るという構図が明らかにされている。したがって国有化論議は, それほど目新しいものではないが, 大切なのは広島, 長崎, 第五福竜丸に続いて核の

被害をうけたわれわれの世界及び将来の人類に対する責務は，徹底的な情報公開と科学的な分析の結果の呈示である。

あとがき

　本書は，東北大学社会法学研究会での「東日本大震災・津波・福島第１原発事故の法的諸問題」と題する私の報告を基本とし，原発事故の問題を扱うのに必要なかぎりでの電子力に関する基本的な知識を加えたものである。

　校正の度に，出来る限り最新の情報を取り入れ，部分的な訂正を行ったところもあるが，基本的な考え方や立場には変わりはない。

　本書をまとめるために，私が，参考にした文献は，新聞雑誌をはじめ，数多くあるが，本文中に註で引用したもののほか，以下の文献を掲げておく。

・田中利幸・ピーター・カズニック『原発とヒロシマ』岩波ブックレット No. 819
・小沢節子『第五福竜丸から「3.11」後へ』岩波ブックレット No. 820
・古賀茂明『日本中枢の崩壊』講談社
・入江吉正『漂流する国ニッポン』フォレスト出版
・内橋克人『大震災のなかで』岩波新書
・広瀬　隆『原子炉時限爆弾』ダイヤモンド社
・広瀬　隆『福島原発メルトダウン』朝日新聞出版
・佐藤栄佐久『福島原発の真実』平凡社新書
・小出裕章『原発のウソ』扶桑社新書
・小出裕章『原発はいらない』幻冬舎ルネッサンス新書
・石橋克彦編『原発を終わらせる』岩波新書

あとがき

・日本弁護士連合会編『検証　原発労働』岩波書店
・樋口健二『闇に消される原発被害者』八月書館
・井上　薫『原発賠償の行方』新潮社
・現代人文社編集部『司法は原発とどう向きあうべきか』現代人文社

　本書の出版については，校正その他の仕事はすべて娘の裕子に，出版については，信山社の稲葉文子さんのお世話になった。心から謝意を表したい。

　2012年6月

外尾健一

著者紹介

外尾 健一（ほかお けんいち）
 1924年1月16日 台湾台北市に生る
 1951年 東京大学法学部卒業 東京大学社会科学研究所助手
 1956年 東北大学助教授
 1963年 東北大学教授
 1987年 定年退官 東北大学名誉教授（法学博士）

＜主要著書＞
『労働法入門』（第7版）有斐閣
『採用・配転・出向・解雇』総合労働研究所
『労働団体法』筑摩書房
『外尾健一・著作集』全8巻 信山社

〈現代選書9〉

外尾健一社会法研究シリーズ1
東日本大震災と原発事故

2012年（平成24年）6月25日 第1版第1刷発行
3289-9-010-004-002-1800e

著 者 ©外 尾 健 一
発行者 今井 貴・稲葉文子
発行所 株式会社 信山社
〒113-0033 東京都文京区本郷6-2-9-102
Tel 03-3818-1019 Fax 03-3818-0344
笠間来栖支店 〒309-1625 茨城県笠間市来栖2345-1
Tel 0296-71-0215 Fax 0296-72-5410
笠間才木支店 〒309-1600 茨城県笠間市才木515-3
Tel 0296-71-9081 Fax 0296-71-9082
出版契約 2012-0-0000-0-00000
Printed in Japan, 2012, 外尾健一

印刷・ワイズ書籍（本文・付物） 製本・渋谷文泉閣 p.152
ISBN978-4-7972-3289-9 C3332 ¥1800E 分類50-328.607-a016
3289-01011:010-004-002《禁無断複写》

JCOPY 〈(社)出版者著作権管理機構 委託出版物〉
本書の無断複写は著作権法上での例外を除き禁じられています。複写される場合は、
そのつど事前に、(社)出版者著作権管理機構（電話03-3513-6969, FAX03-3513-6979,
e-mail: info@jcopy.or.jp）の許諾を得てください。

「現代選書」刊行にあたって

　物量に溢れる，豊かな時代を謳歌する私たちは，変革の時代にあって，自らの姿を客観的に捉えているだろうか。歴史上，私たちはどのような時代に生まれ，「現代」をいかに生きているのか，なぜ私たちは生きるのか。

　「尽く書を信ずれば書なきに如かず」という言葉があります。有史以来の偉大な発明の一つであろうインターネットを主軸に，急激に進むグローバル化の渦中で，溢れる情報の中に単なる形骸以上の価値を見出すため，皮肉なことに，私たちにはこれまでになく高い個々人の思考力・判断力が必要とされているのではないでしょうか。と同時に，他者や集団それぞれに，多様な価値を認め，共に歩んでいく姿勢が求められているのではないでしょうか。

　自然科学，人文科学，社会科学など，それぞれが多様な，それぞれの言説を持つ世界で，その総体をとらえようとすれば，情報の発する側，受け取る側に個人的，集団的な要素が媒介せざるを得ないのは自然なことでしょう。ただ，大切なことは，新しい問題に拙速に結論を出すのではなく，広い視野，高い視点と深い思考力や判断力を持って考えることではないでしょうか。

　本「現代選書」は，日本のみならず，世界のよりよい将来を探り寄せ，次世代の繁栄を支えていくための礎石となりたいと思います。複雑で混沌とした時代に，確かな学問的設計図を描く一助として，分野や世代の固陋にとらわれない，共通の知識の土壌を提供することを目的としています。読者の皆様が，共通の土壌の上で，深い考察をなし，高い教養を育み，確固たる価値を見い出されることを真に願っています。

　伝統と革新の両極が一つに止揚される瞬間，そして，それを追い求める営為。それこそが，「現代」に生きる人間性に由来する価値であり，本選書の意義でもあると考えています。

2008 年 12 月 5 日　　　　　　　　　　　　　　信山社編集部

防災行政と都市づくり　事前復興計画論の構想

三井 康壽 著　　　　A5変上製　400頁　定価：本体4,800円+税

これからの防災・地震対策の礎

地震に対しては"備える"こと、さらには事前の復興計画こそが最も大切であることを、阪神・淡路大震災をはじめ幾多の例から検証・提言する。必ずくる災害に備えた都市の改修、防災都市づくりと事前復興計画は、いま行政に求められている最重要課題である。阪神・淡路復興対策本部での貴重な経験と資料に基づく教訓は、行政・市民ともに一見の価値がある。巻末にはカラー折込図付き。

大地震から都市をまもる

三井 康壽 著　　　　四六変並製　178頁　定価：本体1,800円+税

大災害から人命を守る予防のすすめ

好評の著者による学術書『防災行政と都市づくり』を一般向けにアレンジ、さらに議論を進めた、防災対策と都市づくりに関する唯一無二の貴重な書。阪神・淡路大震災を経験した著者が、いかに巨大地震に備え、都市を守っていくかを分りやすく説明。

首都直下大地震から会社をまもる

三井 康壽 著　　　　四六変並製　232頁　定価：本体2,000円+税

BCP(事前復興計画)策定をサポートする

必ず起きると言われている首都直下地震。その被害は甚大なものになると予想されている。危機に瀕した時、会社が有効な手を打ち、事業を継続していくには、日頃よりBCP（事業継続計画）を計画しておくことは極めて大切である。災害発生時の会社の指揮系統・安否確認の方法など、阪神・淡路大震災の経験から具体例をとりあげ、BCP策定をサポートする。

―信山社―

◇労働法判例総合解説◇

監修：毛塚勝利・諏訪康雄・盛誠吾

判例法理の意義と新たな法理形成可能性の追求

12 **競業避止義務・秘密保持義務**　　　石橋　洋
　　重要判例とその理論的発展を整理・分析　　2,500円+税

20 **休憩・休日・変形労働時間制**　　　柳屋孝安
　　労働時間規制のあり方を論点別に検証　　2,600円+税

37 **団体交渉・労使協議制**　　　野川　忍
　　団体交渉権の変質と今後の課題を展望　　2,900円+税

39 **不当労働行為の成立要件**　　　道幸哲也
　　不当労働行為の実体法理と成否を検証　　2,900円+税

――― 信山社 ―――

岩村正彦・菊池馨実 責任編集

社会保障法研究　創刊第1号

| 荒木誠之 | 1 | 社会保障の形成期 |

● **第1部 社会保障法学の草創**

稲森公嘉	2	社会保障法理論研究史の一里塚
尾形　健	3	権利のための理念と実践
中野妙子	4	色あせない社会保障法の「青写真」
小西啓文	5	社会保険料拠出の意義と社会的調整の限界

● **第2部 社会保障法学の現在**

水島郁子	6	原理・規範的視点からみる社会保障法学の現在
菊池馨実	7	社会保障法学における社会保険研究の歩みと現状
丸谷浩介	8	生活保護法研究における解釈論と政策論

● **第3部 社会保障法学の未来**

太田匡彦	9	対象としての社会保障
岩村正彦	10	経済学と社会保障法学
秋元美世	11	社会保障法学と社会福祉学

■社会保障法研究　第2号　　岩村正彦・高畠淳子・柴田洋二郎
　　　　　　　　　　　　　　新田秀樹・橋爪幸代
■社会保障法研究　第3号　　関根由紀・遠藤美奈・笠木映里
　　　　　　　　　　　　　　嵩さやか・加藤智章
■社会保障法研究　第4号　　江口隆裕・西田和弘・石田道彦
　　　　　　　　　　　　　　原田啓一郎・小島晴洋・倉田賀世
■社会保障法研究　第5号　　中益陽子・渡邊絹子・衣笠葉子
　　　　　　　　　　　　　　津田小百合・永野仁美・嶋田佳広
■社会保障法研究　第6号　　秋元美世・関ふ佐子・木下秀雄
　　　　　　　　　　　　　　笠木映里・中野妙子・片桐由喜

信山社

外尾健一著作集

第1巻 団結権保障の法理Ⅰ
A5上製　356頁　定価: 本体5,700円+税

第2巻 団結権保障の法理Ⅱ
A5上製　356頁　定価: 本体5,700円+税

第3巻 労働権保障の法理Ⅰ
A5上製　332頁　定価: 本体5,700円+税

第4巻 労働権保障の法理Ⅱ
A5上製　356頁　定価: 本体5,700円+税

第5巻 日本の労使関係と法
A5上製　340頁　定価: 本体8,000円+税

第6巻 フランス労働協約法の研究
A5上製　522頁　定価: 本体9,400円+税

第7巻 フランスの労働組合と法
A5上製　388頁　定価: 本体6,400円+税

第8巻 アメリカのユニオン・ショップ制
A5上製　264頁　定価: 本体5,200円+税

―― 信山社 ――